张华 著

有生命的宝石

微距中的虫卵世界

江苏凤凰教育出版社
Phoenix Education Publishing, Ltd

图书在版编目（CIP）数据

有生命的宝石：微距中的虫卵世界 / 张华著.
南京：江苏凤凰教育出版社，2025.6. -- ISBN 978-7
-5743-1823-6
Ⅰ．Q96-49
中国国家版本馆CIP数据核字第2025HY6937号

书　　名	有生命的宝石——微距中的虫卵世界
著　　者	张　华
指导单位	南京市生态环境保护宣传教育中心
统　　筹	周敬芝　杨国元
策　　划	薛　柏
责任编辑	薛　柏
装帧设计	陈　也
责任印制	石贤权
出版发行	江苏凤凰教育出版社（南京市湖南路1号A楼　邮编 210009）
苏教网址	http：// www.1088.com.cn
照　　排	江苏凤凰制版有限公司
印　　刷	南京新世纪联盟印务有限公司（电话 025-86649805）
厂　　址	南京市江宁区诚信大道88号华瑞工业园7栋
开　　本	889毫米×1194毫米　1/16
印　　张	14.75
版　　次	2025年6月第1版
印　　次	2025年6月第1次印刷
书　　号	ISBN 978-7-5743-1823-6
定　　价	128.00元
网店地址	http：// jsfhjycbs.tmall.com
公 众 号	苏教服务（微信号：jsfhjyfw）
邮购电话	025-85406265，025-85400774
盗版举报	025-83658579

苏教版图书若有印装错误可向出版社调换

张 华

自然摄影师、科普生态作家、南京生态公益讲师、中国摄影家协会会员、江苏省科普作家协会生态环境专业委员会委员、江苏省动物学会会员、中华虎凤蝶保护协会理事、南京科普影像协会副会长；赵超构新闻奖特等奖获得者；数十次获得国家、省、市和地区性比赛奖项。

　　我曾追逐蝴蝶的绚烂,却在一粒微小的卵跟前驻足——那翠色的颤动,像未写完的诗行。原来生命最深的奥秘,藏在肉眼难察的微观世界里。

　　胶质外壳下,精密纹路如星图铺展,呼吸孔里藏着孵化的密码。微距镜头带我看见:朝露中的虹彩、蜂影掠过的暗痕……

　　当卵壳的纹路印上掌心,我才懂得:敬畏生命,不过是一次对渺小事物的深情凝视。

　　世界,正在一粒卵的沉默中轻轻呼吸。

这是送给孩子的故事

你可曾置身于那幽深而神秘的夜幕之下,亲眼见证森林深处的奇迹?在那幽邃的黑暗之中,萤火虫如同点点繁星,轻盈地在空中翩翩起舞。它们以微弱却坚定的光芒,温柔地照亮了沉寂的夜幕,仿佛是夜的精灵,在无声中诉说着古老而美丽的故事。

你是否曾在某个清晨,静候于花朵之旁,有幸目睹蝴蝶如仙子般从束缚的蛹中破壳而出的刹那芳华?那一刻,时间仿佛凝固,空气中弥漫着新生的芬芳。蝴蝶振翅高飞的瞬间,如同从梦境走进现实,那份从禁锢到自由的壮丽蜕变,让人心生敬畏,也让人感受到生命不屈的力量。

仲夏夜之梦,你是否曾悄悄立于湖畔,沐浴在温柔的月光下,静静观赏金蝉于枝头缓缓羽化的奇妙景象?那是一种生命重生的仪式,金蝉褪去旧壳,展翅飞翔。那一刻,你仿佛能听到生命拔节的声音,感受到自然界中那份生生不息的循环与力量。

你又是否知晓,在那看似平静无波的池塘深处,隐藏着一个波澜壮阔的小小世界?那里,无数神秘而奇妙的小生命在悄无声息中演绎着属于它们的故事,它们或游弋,或跳跃,或静静守候,每一个生命都在以自己的方式诠释着生存的智慧与勇气。

在这浩瀚无垠的大自然里,居住着无数鲜活的生命。那些由卵黄、细胞核等物质组成的卵粒,也在为了生命的延续悄然发生着分裂、分化、移位,最终它们将突破卵壳的束缚,形成一个新的生命体——幼虫。它们不仅仅是我们的邻居,更是我们的朋友,是我们心灵深处不可或缺的伙伴。它们教会我们坚韧,教会我们自由,更教会我们如何去爱。

我渴望通过这一系列趣味盎然的自然故事,以独特的视角,带领你穿梭于草丛的窃窃私语、山野的深情呼唤、林间的低吟浅唱之中。这些故事力求以生动的语言,揭开自然王国的神秘面纱,带你经历一次次既惊心动魄又温馨感人的地球探险之旅。

故事中的每一位主角,都是生活在我们周遭、触手可及的自然精灵。它们会用自己的故事,悄悄敲开孩子们心灵的窗扉,让一颗颗纯真的心在不知不觉中踏上通往自然世界的奇妙旅程。在那里,他们将学会敬畏生命,学会倾听自然的声音,更学会如何与自然和谐共处。

美国科普作家蕾切尔·卡逊曾深情地说:"那些深深感受到大地之美的人,能从这份美好中汲取生命的力量,直至生命的尽头。"让我们携手孩子,一同走进广阔而丰富的自然的怀抱,让他们在其中自由地探索、真挚地思考、深刻地领悟。让大自然成为他们成长的摇篮,让每一声风雨、每一抹色彩、每一次触摸、每一份感悟,都成为他们生命中最宝贵的财富。

从一丝好奇到满腔热爱,让我们走进自然,学会关怀,懂得善良,珍惜每一个生命。因为每一个生命都是大自然赋予我们的宝贵礼物,它们用自己的方式诉说着生命的故事,教会我们关于爱、勇气与希望的永恒真谛。

——这不仅是故事,更是送给孩子们的一份珍贵礼物,引领他们踏上探索生命奥秘的奇妙旅程。在这个旅程中,他们将学会尊重自然,敬畏生命,成为有爱心、有责任感的小小探险家。

目录

走进蝴蝶的秘密宝石基地

蝴蝶的分类 … 002

蝶卵：有生命的宝石 … 003

命运多舛的幼虫 … 010

羽化成蝶 … 021

与我共进午餐的"小猫咪"（猫蛱蝶发现日记） … 026

从丑小鸭到白天鹅（柑橘凤蝶发现日记） … 030

冰山上的来客（冰清绢蝶发现日记） … 036

住在山顶的"外星萌客"（宽尾凤蝶发现日记） … 040

寒冬里的暖色调（北黄粉蝶发现日记） … 044

住在栀子树果实里的"富二代"（绿灰蝶发现日记） … 050

会"盖房子"的蝴蝶（白弄蝶发现日记） … 054

山野有"侠客"（残锷线蛱蝶发现日记） … 058

碎米荠上粘着"小玉米"（橙翅襟粉蝶发现日记） … 062

荒岛探险记（古眼蝶发现日记）	066
会包饺子的小家伙（大红蛱蝶发现日记）	071
山道上的重口味大餐（二尾蛱蝶发现日记）	076
"倒霉眼蝶"不倒霉（稻眉眼蝶发现日记）	080
谁动了你的多肉？（点玄灰蝶发现日记）	085
破译蚂蚁通信的"摩斯密码"（黑灰蝶发现日记）	090
蝴蝶爱吃肉？（蚜灰蝶发现日记）	096
宝贝送上门（蓝灰蝶发现日记）	100
竹林里的晚婚家族（连纹黛眼蝶发现日记）	104
神秘的"风之子"（琉璃蛱蝶发现日记）	108
爱上樟脑丸的胖虫虫（青凤蝶发现日记）	112
竹林邂逅生命宝石（曲纹黛眼蝶发现日记）	116
铁齿铜牙小不点（曲纹紫灰蝶发现日记）	120
幽暗林中有"眼神"（密纹矍眼蝶发现日记）	124
"粗心大意"的蝶妈（青豹蛱蝶发现日记）	128
别吃，我是"鸟粪"（玉带凤蝶发现日记）	134
惊蛰日，林中寻飞"虎"（中华虎凤蝶发现日记）	140
小蝴蝶爱吃"醋"（酢浆灰蝶发现日记）	144
有毒的蝴蝶（红珠凤蝶发现日记）	150

微距之下，生命奇迹再发现

嘿，哥们儿，我可不好惹！（瓢虫发现日记）	158
优雅的蜗牛杀手（端黑萤发现日记）	162
林子里的"高音喇叭"（黑蚱蝉发现日记）	166
童年的红蜻蜓（黄翅蜻发现日记）	170
请别再叫俺蜂鸟（咖啡透翅天蛾发现日记）	174
它们穿越5亿年（丰年虫发现日记）	180
白天活动的萤火虫（红胸窗萤发现日记）	184
罐头瓶里装着的是童年（黄脉翅萤发现日记）	188
池塘里的仰泳爱好者（条背萤发现日记）	192
"装蜂卖傻"（透翅蛾发现日记）	196
第一次和蚊子"合作"（白纹伊蚊发现日记）	200
花了"血费"，换得宝贝（宽翅方蜻发现日记）	206
水下的荧光（雷氏萤发现日记）	212
家里的"小船"（淡色库蚊发现日记）	218
无师自通的好斗乐师（蟋蟀发现日记）	222
后记　谦卑之心，探索之旅	225

走进蝴蝶的秘密宝石基地

蝴蝶的分类

蝴蝶属节肢动物门昆虫纲，鳞翅目。目前，全世界已记载约2万种蝴蝶，中国的蝴蝶资源较为丰富，已记录的种类超过2100种。按传统的分类系统，鳞翅目分为2个亚目：蝶亚目（也叫锤角亚目），蛾亚目（也叫异角亚目）。前者通常被称为蝶类，后者通常被称为蛾类。

蝴蝶的分类方法很多，主要包括形态分类、数值分类、支序分类、遗传分类、超微形态分类等。这些方法各有其特点和长处，但也各有不足。

目前我国和多数国家仍以形态分类法为主，即主要依据蝴蝶成虫的外部形态（翅脉、翅形、色彩、斑纹、体型大小、触角形状、口器构造、前足发育程度、活动时间、休息时翅膀状态、有无翅缰等）和外生殖器特征，并参照幼期特征进行分类和鉴别。

近年来，随着昆虫系统发育研究的深入，尤其是分子证据的引入，极大地改变了人们对"蝴蝶"这一概念的看法。广义的蝶类还应包含分布于新热带区（中、南美洲）的喜蝶科，喜蝶科又被称为"丝角蝶科"，20世纪30年代就有科学家注意到它与尺蛾在翅脉、生殖器、卵、幼虫、蛹和其他细微形态结构上存在一些差异，猜测它可能自成一科。

本书所记述的中国蝴蝶采用总科5科式分类系统，将蝴蝶划分为弄蝶总科（弄蝶科）和凤蝶总科（凤蝶科、粉蝶科、灰蝶科和蛱蝶科），这与国内过去普遍采用的12科系统略有差异。

蝶卵：有生命的宝石

蝴蝶属完全变态昆虫，一生须经过卵、幼虫、蛹和成虫四个阶段。每一个阶段的形态结构和生活习性都有很大的差异，卵就是蝴蝶发育的第一个阶段。

卵是蝴蝶生命的起点。虽然卵不能运动，但其内部却充满生机。作为一个大型细胞，蝶卵外层的轻薄卵壳主要由一种被称为"卵壳素"的蛋白质构成，能起到保护作用。卵壳上密布细微的小孔，这些小孔既能与外界进行必要的气体交换，又能防止卵内水分过度蒸发。

卵壳里的卵黄、细胞核以及原生质被包裹在卵黄膜内。卵黄主要为胚胎提供发育所需的营养物质，占据了卵内大部分空间。原生质则呈网状分布在卵黄中。经过分裂、分化、移位，胚胎完成发育，最终形成一个新的生命

卵壳内即将发育完成的拟斑脉蛱蝶幼虫

体——幼虫。

　　雌蝶刚产的卵颜色单一且较浅,随着发育,卵的表面会出现不断变化的花纹,这种花纹被称为"受精斑"。随着胚胎发育的进行,卵黄逐渐被消耗,幼虫器官逐渐形成,卵的颜色也渐渐变暗,卵壳变得半透明,内部的幼虫清晰可见,直至破壳而出,这就是孵化。

初产的傲白蛱蝶的卵

3天后,傲白蛱蝶的卵出现受精斑

当确认寄主无误后,雌性蝴蝶会在合适的位置停下,然后弯曲腹部,将卵产在寄主上。通常,一次只产一枚卵的被称为"单产",一次产多枚卵的被称为"群产"。根据卵的堆砌状况,又可分为整齐平铺群产、堆叠群产和层叠群产。

曲纹蜘蛱蝶的卵

蒙链荫眼蝶的卵

从微观角度观察,我们会惊讶地发现,如此微小的蝶卵不仅有着极为丰富的色彩和巧妙的纹理结构,其形状、大小和颜色也各式各样。就形状而言,蝶卵有馒头形、圆

有 生 命 的 宝 石

北黄粉蝶的卵

橙翅襟粉蝶的卵

中环蛱蝶的卵

密纹矍眼蝶的卵

黑弄蝶的卵上沾满雌蝶产卵孔旁的黄褐色鳞毛

灰绒麝凤蝶的卵表面有凹凸不平的分泌物状颗粒

蛱蝶亚科的卵表面具有凸出的条状纵脊

球形、梨形、扁圆形、纺锤形,等等。卵壳表面有的非常光滑,有的十分粗糙,且有多种雕刻状纹饰。它们犹如自然界的艺术品,被誉为"有生命的宝石"。

灰蝶科是种类较多样的类群。卵的形态多为扁圆形,表面花纹多样,几何造型艺术感较强。如果我们对它们进行放大观察,就会发现有的造型犹如一座结构严密的圆形体育场馆。

琉璃灰蝶的卵

有 生 命 的 宝 石

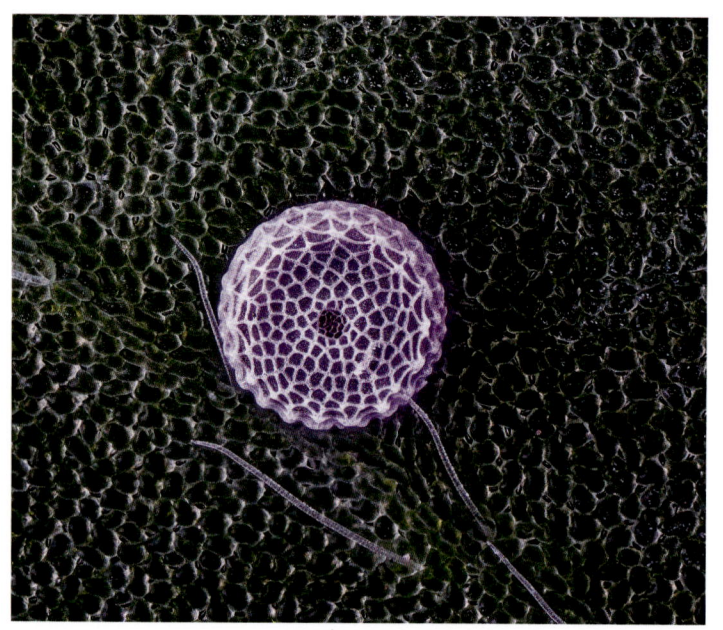

酢浆灰蝶的卵

雅灰蝶的卵被藏在卵泡里，避免被寄生昆虫侵害

在自然界中，蝶卵会成为许多寄生昆虫觊觎的目标。寄生昆虫凭借敏锐嗅觉，搜索新鲜蝶卵散发的信息素，找到并咬破卵壳，把自己的后代产在蝶卵中，从此，它们的幼虫就依靠吃蝶卵中的营养物质成长。

寄生在金裳凤蝶卵里的寄生蜂

被寄生蜂寄生的姜弄蝶卵

从一枚卵最终变成一只美丽的蝴蝶，蝴蝶的一生如同从丑小鸭变成白天鹅，过程非常艰辛，却又充满了神奇的色彩。

命运多舛的幼虫

正在啃食卵壳的灰绒麝凤蝶一龄幼虫

卵经过分裂、分化、移位……几天或数十天后,胚胎内,一个具有足和体毛的小毛毛虫在卵壳内部组建完成。咬破卵壳,便意味着蝴蝶正式进入个体发育的第二个阶段——幼虫时期。出生后独自获取营养而无须依赖母体,这是幼虫存在的重要意义。

即将钻出卵壳的曲纹黛眼蝶幼虫

蝴蝶幼虫的身体柔软且富有弹性，13个体节分为头、胸、腹三个部分。头部由坚硬的几丁质构成，有取食器官和感觉器官，两侧各列有数枚单眼，不能成像，仅用于感受光线强弱。咀嚼式口器内有纺丝器，可分泌蛋白质的黏性丝线，口器两边的短触角为感知器官。

半黄绿弄蝶幼虫

黎氏青凤蝶幼虫

蝴蝶幼虫拥有3对胸足、4对腹足和1对臀足。胸足位于胸节，由基节、转节、腿节、胫节、跗节和趾节（爪）构成，是真正的足，蝴蝶成虫的足便是由胸足发育而成的。腹足和臀足不分节，不是真正的足，由基部和趾组成。基部表面具有刚毛，趾无刚毛，但底面具有环形、半月形或者马蹄形的足钩。足钩是鳞翅目昆虫幼虫特有的结构，在行走时可增强抓地力。

黑脉蛱蝶幼虫的腹足足钩与叶片上的丝垫牢牢契合

宽尾凤蝶老熟幼虫

蝴蝶幼虫大多为植食性，但有些种类与众不同，选择以肉为食，捕食蚜虫、蚧壳虫，甚至潜入蚁巢，取食蚂蚁幼虫。蝴蝶幼虫吃下的大多数食物会被转化成蛋白质储存在体内，而不是被本体消耗。有人说，完全变态昆虫的幼虫其实是个会移动且能独自生存的大胚胎，它们的主要功能是为蛰伏在其体内的成虫盘积累营养物质。也有观点表明，幼虫时期本质上是蝴蝶自身组织的阶段发育期，是胚胎期的延长。总之，取食、生长是蝴蝶幼虫主要的任务。

蚜灰蝶老熟幼虫取食蚜虫

为了更好地生长，节肢动物演化出了蜕皮机制。富含几丁质的外骨骼发生鞣化，在保幼激素和脱皮激素的作用下，旧细胞死亡，新组织分化。幼虫脱去旧皮，换上更加宽松的新表皮，这个过程被称为"蜕皮"。每蜕一次皮则意味着幼虫长大了一龄。

通常情况下，蝴蝶幼虫需要蜕皮5次。每蜕一次皮，新表皮都给幼虫生长提供了更大的空间。

柑橘凤蝶幼虫蜕皮，由四龄转五龄，体色较浅

如何活下去是蝴蝶幼虫每天必须面临的最大考验。蝴蝶幼虫的天敌无处不在，各种食虫的鸟类、肉食性昆虫、真菌和病毒时刻都威胁着它们的生命，但它们最大的威胁却来自各种寄生性昆虫。

一只黑脉蛱蝶幼虫被猎蝽捕食

在寄生蜂或寄生蝇的眼中，蝴蝶幼虫犹如不会移动的"汉堡包"。寄生蜂（蝇）凭借敏锐嗅觉，不断寻找植物受伤时所散发的化学气味或蝴蝶幼虫留下的粪便、丝线等蛛丝马迹，寻找寄主。被寄生的蝴蝶幼虫将连续不断地为寄生蜂（蝇）幼虫提供食物，大部分蝴蝶幼虫最终难逃一死。

被寄生蜂寄生的菜粉蝶幼虫

蝴蝶幼虫如何让自己在这个危险重重的环境中生存下来？它们有的演化出化学武器，有的学起了伪装术，有的搭起了房子，有的甚至雇了保镖，帮助自己赶跑掠食者。

防御本领一：

幼虫吐丝卷叶为巢，把叶子粘在一起做成"安全屋"，在叶巢中吃喝拉撒睡，吃完就换一片叶子。这不仅可以遮风避雨，也可以有效避免捕食者的攻击。

孔子黄室弄蝶低龄幼虫制作叶巢

在苎麻上制作叶巢的大红蛱蝶幼虫

防御本领二：

伪装也是不少蝴蝶幼虫的拿手绝活，它们依靠体色模拟周围的环境，将自己与环境完美融合，躲避天敌的注意。

丫灰蝶幼虫将自己伪装成合欢树嫩叶

蓝凤蝶幼虫酷似一坨落在花椒叶片上的鸟粪

电蛱蝶幼虫弯曲身体，倒挂在叶脉上，似一片碎叶

防御本领三：

有的蝴蝶幼虫身体进化出很多尖刺或者棘状肉突，以此吓退捕食者，从而保全自己。不过，这看似扎手的尖刺也只能唬唬人，真正扎手、有毒的毛毛虫几乎都是蛾子的幼虫。某些蛾子幼虫体表的刚毛与体壁上的毒腺细胞相连，刚毛一旦折断，毒液就会流出来，导致接触者出现疼痛和瘙痒的症状。

面目狰狞的曲纹蜘蛱蝶幼虫其实是个胆小鬼

菝葜叶背的琉璃蛱蝶幼虫

斐豹蛱蝶幼虫体表布满棘刺

防御本领四：

凤蝶科幼虫体表光滑，在头胸之间有隐藏的秘密武器——臭角腺（通常称为"臭角"）。遇到惊吓时，它们就会从头部伸出"Y"形的臭角，散发出挥发性气体，吓退捕食者。

玉带凤蝶幼虫的臭角为玫红色

宽尾凤蝶幼虫的臭角为白色

防御本领五：

全世界有200多种蝴蝶的幼虫会寄生在蚂蚁的家族里，其中大多是灰蝶科成员。在时间的长河中，它们破译了蚂蚁的通信密码，利用振动与蚂蚁交流，用自己的智慧和胆量繁衍生息。幼虫产生蜜露吸引蚂蚁取食,让蚂蚁成为自己的保镖。一旦遇到马蜂、螳螂等捕食性昆虫前来觅食,蚂蚁便会群起而攻之。

一群刻纹棱胸切叶蚁围在齿翅娆灰蝶幼虫身边充当保镖

黑灰蝶幼虫会从尾部分泌一种"鸡尾酒",这种具有魔力的"鸡尾酒"的主要原料是甘氨酸和葡萄糖,配方必须按照甘氨酸和葡萄糖1:4的比例。品尝过这种"鸡尾酒"的蚂蚁如同被施了魔法,会一刻不停地围在黑灰蝶幼虫的身边,卑躬屈膝地祈求再来一杯。

心甘情愿饲喂黑灰蝶幼虫的日本弓背蚁

有　生　命　的　宝　石

当一只无比幸运的毛毛虫顺利长大,那接下来它的"虫"生将更加神奇精彩。

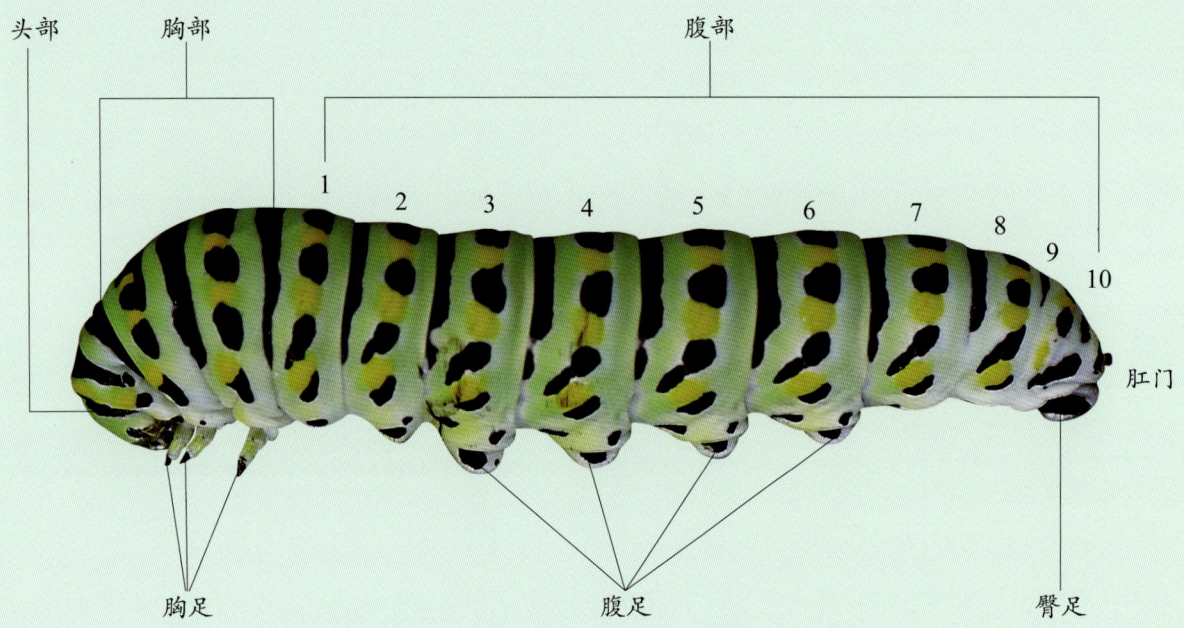

蝴蝶幼虫的形态特征示意图(以金凤蝶为例)

羽化成蝶

蝶蛹

幼虫经过几次蜕皮,发育到成熟阶段之后,就停止了进食。它们慌慌张张,到处乱爬,要寻找一处安全的地方吐丝变蛹。

有的老熟幼虫选定场所后,先是吐出黏性的丝线,把自己牢牢地固定在树皮、树枝上,避免化蛹时坠落到地面,这种方式被称为"缢蛹"。还有些老熟幼虫在吐丝之后,用臀足钩附在丝垫上,将体躯倒挂下来化蛹,这种方式被称为"悬蛹"。而有的老熟幼虫干脆在树叶下、石块缝隙里化蛹,这种方式被称为"裸蛹"。

在蛹的初期,其内部结构就像一桶黏稠的浆糊。毛毛虫分泌出多种酶,溶解了自己原先几乎所有的身体组织。

此刻,如果你一不小心碰破了一枚蝶蛹,就会看到蛹内有浆液流出来。这些糊状的液体中含有被称为"成虫盘"的细胞群。成虫盘会利用富含蛋白质的浆液进行细胞分裂,分化出的细胞最终将形成蝴蝶的翅膀、触角、腿、眼睛等各种身体器官。一段时间后,它就会挤破蛹壳,变成一只美丽的蝴蝶。

成虫

蝴蝶羽化时,蛹的顶部会裂开一道缝隙,头部和前足会先伸出,然后是中足、后足和翅膀,身体脱离蛹壳。它会将身体倒悬,翅芽会在短时间内迅速伸展开来。但此时它的翅膜还很柔软无力,需在1—2小时后才能振翅飞翔。

咱们身边的蝴蝶大多数会选择在清晨或上午羽化。从蝶蛹中羽化出来后,雄蝶就开始四处翩飞,它们的第一件事并不是忙着品尝花蜜,而是寻找雌蝶交尾,这是它们最重要的使命。交尾后的雌蝶会寻找合适的寄主植物产卵,繁衍后代。

大多数蝴蝶成虫的寿命都很短,雌蝶一般为10—15天,在产完卵后的几天内就会死亡。完成交配任务的雄蝶寿命更短,有的甚至只能存活2—3天。

有 生 命 的 宝 石

以下为柑橘凤蝶的羽化过程：

走进蝴蝶的秘密宝石基地

有 生 命 的 宝 石

少的钠元素,从动物排泄物甚至腐尸中还能获得蛋白质等营养物质。

获取到满满的营养后,猫蛱蝶会将卵产在低矮的朴树叶背面。大概两三天的工夫,卵粒上便会出现橙红色的点状斑纹,这是受精成功的标志,也意味着新生命正在孕育。

以后的一些年,每次再见到猫蛱蝶,我总能想起那个炎炎午后与我共进午餐的小家伙。

成虫

蛹

　　猫蛱蝶这个名字,几乎是听一遍就能记住。我经常试图从它的外观形态或行为习惯上探究它名字的由来。黄底黑点的翅面是标准的"豹纹",但在生物学分类中,已经有了体型更大的豹蛱蝶,所以命名者可能选用了比豹更小巧的"猫"来命名这个蝴蝶族群。

　　猫蛱蝶大多喜欢活动于山区丘陵的林缘附近,没受惊扰时,它总是慢悠悠地飞,这和它逃跑时的速度相比,简直有天壤之别。猫蛱蝶的幼虫通常藏在较为低矮的叶片背面,头部有两个鹿角状的分叉,这是它抵御天敌时唯一拿得出手的武器。观察越冬幼虫是一件很有意思的事情。每年11月前后,它便早早地开始准备,先吐出大量丝线加固叶柄位置,防止风把叶片吹落,再不断用丝线拉扯,把叶片向内弯曲成人类轻握手掌的形状,这就是它越冬的叶巢。在接下来的两个多月里,它将一直待在这里,不吃不喝不动,静静等待来年的春风。

平衡、调节神经和肌肉功能等方面起着重要作用。对蝴蝶来说，自然界中能获取盐分的方式无外乎趴在泥巴地上吸水或者舔石头。而眼前的背包绝对是一座高纯度的"盐矿"，因此，猫蛱蝶就算冒险也不能放过。更重要的是，这关乎它后代的延续。

和许多昆虫类似，蝴蝶在交尾时，精子以精荚的形式运送到雌蝶体内。精荚内除了用于繁殖的精子，也富含大量营养物质。研究者发现，精荚中的钠含量非常高。接受到更多营养的雌蝶能够产出更优质的卵，从而孵化出更有竞争力的后代。这也是每只雄蝶都要送给"新娘"的一份"彩礼"。当然，对蝴蝶来说，除了必不可

> **科普小贴士**
>
> **猫蛱蝶**
>
> **科**：蛱蝶科
> **属**：猫蛱蝶属
> **寄主**：朴树、紫弹树等

低龄幼虫

老熟幼虫

有生命的宝石

与我共进午餐的"小猫咪"

猫蛱蝶发现日记

交尾

41摄氏度,阳光看样子是不想放过任何一个还在它眼皮子底下活动的生物。大山里,聪明的动物似乎早摸清了它的脾气,跑得一个不剩。就只有我这个背着大包的愣头青,顶着大太阳在山中野道上做着最后的抵抗。裸露在外的皮肤好像铁板上的牛排,被煎得生疼;出门前带的整瓶冰水已经成了暖手的热水袋。还有那不争气的相机,估计和我一样都快中暑了,警告灯闪个不停。这大热天的出来巡山,真是活受罪。

在半山腰,我找了一处空旷的树荫,打算坐下来休息一会,吃点东西。没想到,包里的煎饼果子比上午刚出锅的时候还要烫,我只好将它摆到一边晾凉。哎哟,一只猫蛱蝶从林子里溜了出来,橙黄色的翅面上均匀分布着大小不一的黑点。这小家伙还真不认生,就落在我脚边不足半米的地方,扑闪着翅膀。难道它也馋我手里的煎饼?我撕下一小块面皮,丢了过去。它凑近了闻了闻,又很快扭过脑袋,转眼

盯上了我放在地上的摄影包。我顿时领会了它的意思——敢情是看上我的汗了。我把包向它的方向踢了踢,小家伙也是心领神会,扇着小翅膀,抱着包带子毫不客气地一顿猛舔,满脸的快活。

食盐是人类食谱中不可或缺的佐料,食盐的主要成分是氯化钠。而钠也是绝大多数动物生长过程中不可缺少的元素,在维持体内水盐

猫蛱蝶的卵

柑橘凤蝶
的卵

有生命的宝石

从丑小鸭到白天鹅

柑橘凤蝶 发现日记

又多又美,这个评语我特别想送给柑橘凤蝶。我得说,不管是身材还是颜色,柑橘凤蝶在蝴蝶界里那可是数一数二的漂亮。它那淡黄色的翅膀上均匀地"画"着粗细不同的黑色线条,显得非常雅致。柑橘凤蝶的家族也是人丁兴旺,不管是阳春三月,还是落叶深秋,我们都能看到它们围着花丛飞来飞去。这么爱出风头的性格,使它们成为摄影师镜头里的常客,即便放到过去,也是文人墨客笔下的"大明星"。

南宋诗人范成大在《秋日田园杂兴》里写道:"橘蠹如蚕入化机,枝间垂茧似蓑衣。忽然蜕作多花蝶,翅粉才干便学飞。"这首诗的大意是说,橘树上的蝴蝶幼虫像蚕宝宝一样,枝头上挂的蛹就像披着蓑衣的小家伙,突然间,它们就变成了五颜六色的蝴蝶。这首诗啊,除了蝶卵没写到,柑橘凤蝶从幼虫到化蛹,再变成蝴蝶的过程,它都记录下来了,简直称得上最早的蝴蝶科普诗。

产卵

拟态鸟粪的低龄幼虫

科普小贴士

柑橘凤蝶

科：凤蝶科

属：凤蝶属

寄主：芸香科多种植物，如柑橘、柚、竹叶花椒等

蛹

想想看，古时候的人们没有手机、相机这些高科技玩意儿，他们看到柑橘凤蝶的卵，可能就觉得是个芝麻点儿大的小圆球。但你要是拿微距镜头一看，嘿，那蝶卵表面可不是光滑的，而是磨砂质感的，从远处看，还挺像个小太阳刚从地平线升起来呢。

虽然名叫"柑橘凤蝶"，但它们其实更喜欢口味重一点的花椒叶，所以又叫"花椒凤蝶"。低龄的柑橘凤蝶的幼虫长得可不怎么好看，颜色深，还带着白斑，就像鸟屎一样，人们管这叫"鸟粪型"拟态。这是它们的小聪明：假装自己是鸟屎来躲过天敌的捕食。正如丑小鸭总会变成天鹅一样，幼虫熬过了这段"装屎"的日子，也就快迎来它们的高光时刻了。

等它们蜕皮长到五龄幼虫的时候，颜值就飙升了，身体变得光滑，颜色也从墨绿变成了讨喜的浅绿，肚子

老熟幼虫

上还多了两道翠绿色的斜纹。长大后,它们的保命手段变了,除了模仿寄主植物的颜色,头胸部的两个大眼斑也颇能唬人。要是受到惊吓,幼虫藏在头胸部的臭角就会弹出来一个小"天线",快速放出臭气。

这些臭气可都是它们平时积攒的代谢物质在体内经过一番化学反应后存起来的。等攒够了,就成了刺鼻的生化武器。这种让人头疼的气味,其实是植物里常见的天然碳氢化合物,里面有β-月桂烯、柠檬烯这些物质。普通的天敌往往一闻到这股辛辣刺鼻的味道就会受不了,从而逃之夭夭。

从春暖花开到落叶飘零,柑橘凤蝶家族就这么一代一代地繁衍下去,它们用自己的智慧和美丽装点着大自然。咱们得好好保护这些机灵的小生命,让它们继续在大自然里绽放光彩。

成虫

在我国南方地区,柑橘凤蝶因其幼虫对柑橘属植物的偏爱而得名。这些幼虫在柑橘叶间穿梭,享受着大自然赋予的丰富食物来源。而到了北方,由于生态环境的不同,幼虫则更多地取食花椒,因此,在北方,它又被亲切地称为"花椒凤蝶"。这种地域性的食性差异,不仅体现了柑橘凤蝶对环境的适应能力,也为其赢得了更多样化的名字和故事。

在柑橘凤蝶的生命周期中,一年多代的特点使其能够在不同的季节里繁衍生息。根据气温的不同,它们又可分为低温型(春型)和高温型(夏型)两种季节型。低温型的柑橘凤蝶体型相对较小,颜色却异常艳丽,仿佛是大自然中的一抹亮色,为春日增添了几分生机。高温型的柑橘凤蝶则体型较大,色彩虽不如低温型那般鲜艳,却更加沉稳大气,宛如夏日的稳重守护者。

尽管柑橘凤蝶是一种常见的蝶种,但它们大多生活在山野之间,或是城市公园的隐蔽角落。这些地方为它们提供了丰富的食物来源和安全的栖息环境。

然而，即便是在这样的环境中，柑橘凤蝶也面临着天敌的威胁。为了应对这一挑战，它们进化出了一种独特的生存策略——蛹的色型调控。

在预蛹期，柑橘凤蝶的幼虫会根据周围的环境分泌特定的激素，这些激素能够调控蛹的色型变化。因此，我们常见的柑橘凤蝶蛹有绿色型、褐色型、棕色型等。这些不同的色型不仅有助于它们更好地融入周围环境，还能有效地骗过天敌的眼睛，从而提高生存机会。这种巧妙的生存策略，不仅展现了柑橘凤蝶的智慧和勇气，也让我们对大自然的神奇和奥秘充满了敬畏和好奇。

冰清绢蝶
的卵

有 生 命 的 宝 石

冰山上的来客

冰清绢蝶 发现日记

"1982年5月,在南京的紫金山上,我第一次见到了这种绢蝶,立刻被它那梦幻般飘忽的飞行姿态所吸引,那深刻的印象至今仍然留在我的心中。从那以后,我进行了多年的考察,那些蝴蝶栖息的山谷成了我每年必定如期探访的地方,也成了我独处陋室时神游和遐想的'桃花源'"。这是著名蝴蝶专家吴琦老先生1998年发表在《大自然》杂志上的一段关于冰清绢蝶的描述。多年后的

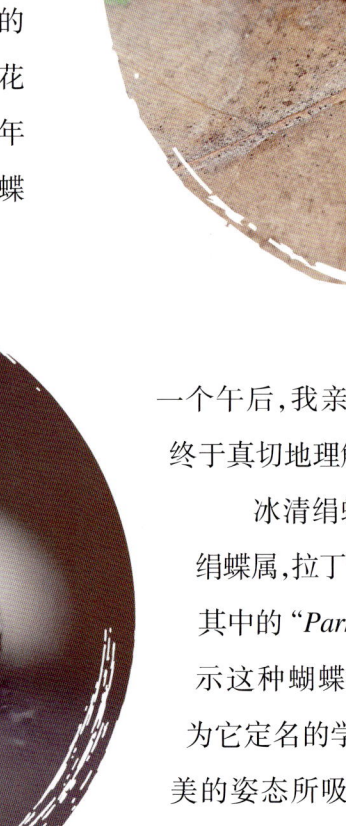

老熟幼虫

幼虫出卵

一个午后,我亲眼见到它们的那一刻,才终于真切地理解了吴老的那份赞美。

冰清绢蝶隶属于凤蝶科绢蝶亚科绢蝶属,拉丁学名为 *Parnassius glacialis*。其中的"*Parnassius*"本意为"高山",表示这种蝴蝶与山地有关。我想,当年为它定名的学者一定也被它那优雅、柔美的姿态所吸引,才为它起了这样一个如梦似幻的名字。绝大部分绢蝶属物种都生活在高海拔的寒冷山区,那么,冰清绢蝶

蛹

成虫

是如何从高山走向低矮平原的呢？近年来，现代科学家利用基因组测序终于解开了藏在它们基因里的密码。

2.4亿年前，印度板块开始以较快的速度向北部的亚洲板块移动。随着两大板块的不断推进和挤压，地壳发生了强烈的褶皱、断裂和抬升，于是，世界上海拔最高、最年轻的高原——青藏高原诞生了，它被誉为"世界屋脊"。在距今约2000万至1300万年前的中新世早期，绢蝶属的蝶类已经出现在高寒的雪线高原地带。

那时候的地球就像个喜怒无常的孩子，冰期和间冰期的气候交替出现。在冰期和间冰期的气候交替中，冰清绢蝶逐渐从青

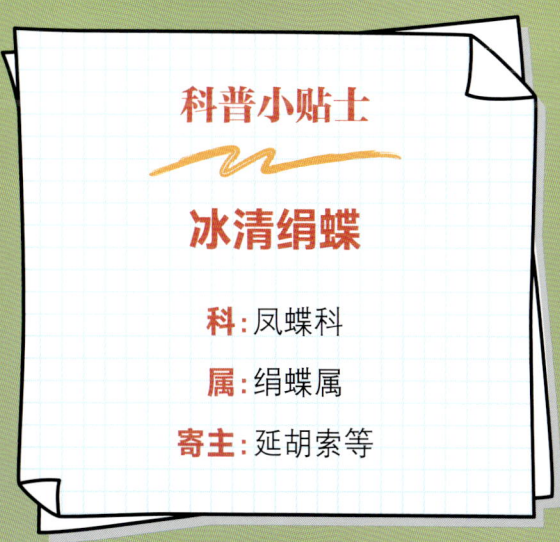

科普小贴士

冰清绢蝶

科：凤蝶科

属：绢蝶属

寄主：延胡索等

有 生 命 的 宝 石

藏高原向华中、华北、华东等海拔较低的区域扩散,将家族迁往更远的地方。为了适应较低海拔的新环境,它们花了几十万年的时间,重新寻找寄主植物、蜜源植物,改变自己的形态、生活习性,一代代摸索前行,终于落地生根,也成为唯一一支扩散至中国中东部江南地区的绢蝶物种。

每年4月初,通常是观赏冰清绢蝶的最佳时节。我背着包,循着吴琦老先生走过的那条充满梦幻色彩的山北小道前行。阳光照耀下的山谷,远比我想象中的要热闹许多。天气逐渐转暖,一些"急性子"的知了已经开始欢快地鸣叫。它们是南京地区每年最早出现的蝉——小黑日宁蝉,只有一截小拇指大小的雄性个体,卖力地扯着大"嗓门",期待着能有好运降临。我沿着曲折的小径前行,每一步都充满了对自然无尽的敬畏与向往。阳光透过树梢,斑驳地洒在我的脸上,仿佛是大自然最温柔的欢迎仪式。四周,各种生命都在欢歌,小黑日宁蝉的鸣叫声与远处小溪的潺潺流水声交织成一首春天的交响曲,而我,正是这场音乐会的唯一听众。随着自然的乐曲响起,冰清绢蝶翩然而至,它们半透明薄绢般的翅膀犹如涂抹着冰雪的颜色,在这群神秘又美丽的蝴蝶体内,至今还隐藏着地球变迁和生物演化的密码,那是破解进化谜题的珍贵钥匙。

卵(局部)

绢蝶属是凤蝶科绢蝶亚科的一员,它们广泛分布在欧亚大陆以及北美洲,总共约50种。我国有30多种绢蝶,是名副其实的"绢蝶大国"。

冰清绢蝶的成虫翅膀展开通常为60毫米至70毫米,翅膀主体是白色的,呈半透明状,翅脉则是灰黑褐色的。它们飞翔时的姿态柔美而优雅,常在山谷中滑翔,让人有种如梦似幻的感觉。毕竟是冰山来客,冰清绢蝶每年只产育一代,通常比高海拔地区的同类物种更早完成产卵。卵通常产于地面的枯枝、枯叶和石块上,孵化时间因地域和气候条件而异,一般在第二年的春季。幼虫主要取食紫堇属的延胡索,吃饱后它们会趴在枯叶上晒一会日光浴,等阳光移走,才钻入林中落叶层以躲避天敌。

宽尾凤蝶的卵

有生命的宝石

住在山顶的"外星萌客"

宽尾凤蝶 发现日记

南郊,丘陵起伏,植被丰富。

一株约半人高的檫木矗立在通往山顶的小水泥路旁,手指粗的细枝向周围伸展着,碧绿油亮的树叶几乎快赶上手掌大小了。或许是前两年某个时候,一只飞鸟把种子带到了这里,于是小檫木便在这里安了家。此刻,一只绿色的胖毛毛虫刚吃过早饭,一动不动地趴在光滑的叶面上晒太阳。它的身体和叶片一样光滑,身体两侧有着非常明显的花纹,猛一瞧,就像一条趴在叶子上的小菜蛇。相比杂草丛生的山野小路,这条仅容一辆车勉强通过的水泥路,在山里也算得上是最热闹的主干道。

这天,路上来了几位背着相机的巡山人,他们一路闲聊着,慢慢走近了。对于从小就住在路边、见多识广的胖毛毛虫来说,人类并不陌生。但这回它没想到的是,来访的是一群经验丰富的赏蝶人,它更想不到的是,自己的分量在他们眼中有多重。

赏蝶人的步子惊动了地面正在吸水的一只菜粉蝶,菜粉蝶不情愿地挥着翅膀,不偏不倚,恰好往檫木的方向飞去。"呲溜"一声,或许是叶片太滑,它跟跟跄跄地又落到另一片叶尖。菜粉蝶不知道,它的舞姿正牵引着观蝶人的目光,也正是这无意之举,让家里正在晒太阳的胖

老熟幼虫的臭角

在叶巢中休息的老熟幼虫

低龄幼虫

老熟幼虫的正面

毛毛虫躺着"中了枪"。

"快看！宽尾凤蝶幼虫！"随着赏蝶人突然的一嗓子，传说中蝴蝶家族里有着"外星萌客"之称的宽尾凤蝶幼虫闪亮登场。宽尾凤蝶是蝴蝶家族里的重磅明星，它是凤蝶科中唯一一种尾突贯穿两根翅脉的蝴蝶。根据谱系发育分析与基因序列研究，有研究者推测宽尾凤蝶可能起源于约1800万年前的新生代中新世早期，并可能通过白令海峡从北美洲迁徙至东亚地区。随着气候变暖，冰河消退，陆桥消失，这些地质和气候事件可能影响了宽尾凤蝶属与其他北美洲近缘物种的交流，导致其分布格局呈现"美洲—东亚隔离"的特征。而宽尾凤蝶祖先进入亚洲以后，为了生存，逐渐演化成与美洲祖先完全不同的形态。

对于赏蝶人来说，这绝对是年度重大发现。无论是胖毛毛虫背上的炫酷花纹，还是那身再

科普小贴士

宽尾凤蝶

科：凤蝶科
属：宽尾凤蝶属
寄主：檫木、鹅掌楸等

蛹

有 生 命 的 宝 石

普通不过的绿衣裳,此刻在观蝶人的眼中都成了一种时尚。甚至胖毛毛虫头顶那咄咄逼人的"眼神",在他们看来都成了含情脉脉的目光。

樟木叶片上密布银白色丝线,是胖毛毛虫花了很多功夫才完成的"真丝床垫"。这些黏稠的丝线让它在光滑叶片上如履平地,更重要的是,它不会在睡着的时候从"床上"掉下去。

这咋咋呼呼的声响显然是惹恼了胖毛毛虫宁静的午后时光。它收腹提臀,原本水桶一般的身材,顿时变得凹凸有致。同时,隐藏在头部的秘密武器——臭角也被释放出来。空气中顿时弥漫着一股呛人的气味。这是它日常保命的最后一招,足以吓走大部分心怀不轨的家伙。不过此刻,这压箱底的绝招不仅失效了,反而迎来了更多的闪光灯:"哇,臭角出来了,赶紧拍!"

樟木的另一侧,一枚暗红色的蝶卵安静地黏在叶片中间。卵的顶部被钻出一个铅笔芯截面大小的黑色圆孔,整个卵粒只剩下一层薄薄的空壳。不久前,可怕的寄生昆虫选中了这个倒霉的家伙,把自己的后代产在了蝶卵中……

成虫

有记录显示,1889年,英国人在华发现宽尾凤蝶。宽尾凤蝶因尾突贯穿两根翅脉,被归入宽尾凤蝶属。

调查发现,宽尾凤蝶在野外活动的时间主要集中在4月至9月,但具体时间可能因地区海拔和气候条件有所不同。其幼虫通常有5个龄期,以蛹的形态越冬。幼虫的寄主植物主要是樟木、鹅掌楸及木兰科植物。在野外,由于宽尾凤蝶的卵多产在叶片中脉附近的显眼处,因此大部分卵都躲不过寄生昆虫的"毒手"。

低龄幼虫会模拟成鸟粪的样子,以躲避鸟类的捕食。到了末龄阶段,幼虫则会扮成蛇的模样,以恐吓敌人。那凶巴巴的"眼睛"实际上只是胸前的眼斑。幼虫头部两侧各有六个单眼,主要用来辨别光线的明暗。

末龄老熟幼虫的体色会逐渐变为暗绿色,并会寻找建筑物、岩石、枯枝等较暗的环境来化蛹。化蛹后,它们会变身为一截栩栩如生的"枯枝",等待来年3月或4月羽化为成虫。

北黄粉蝶的卵

有 生 命 的 宝 石

寒冬里的暖色调

北黄粉蝶 发现日记

交尾

蝴蝶的寄主植物之一,也是未来它的孩子成长过程中的唯一口粮。小蝴蝶很努力,几分钟的功夫,合欢树苗的嫩芽上就多了几枚乳白色的卵粒。

枣核形的外观是粉蝶科家族成员较为明显的身份标识。奶白色的卵粒表面均匀地分布着数十条细微纵脊,半透明的卵壳起到保护卵内部的作用。只需几天

产卵

午饭后在河边散步,10月初的阳光还是透着一股子夏天的火辣,于是,我赶紧躲到老柳树下乘凉。"哟,这是要产卵啊!"几步开外,一只黄色的小蝴蝶正围着一株半人高的合欢树苗打转,虽然只是一只山里常见的北黄粉蝶,但在这钢铁水泥丛林里,看看小蝴蝶产卵,也算是打发中午时间的一幕好剧。眼前的合欢树苗正是小

功夫，卵就会变成一条小毛毛虫，这是一个神奇的过程。然而，在此之前，这无遮无挡且不会逃跑的卵粒正是蚂蚁、小蜂、瓢虫等天敌渴望的蛋白质来源。但粉蝶并不在意，因为千百万年来，它们家族早已经习惯了这种处境，一直秉持着"你吃我再生"的生存法则。如今，它们在蝴蝶家族里终于争得一席之地，而它们家族的制胜秘诀就是不挑食。

粉蝶的寄主植物几乎随处可见，如十字花科、豆科、白花菜科、蔷薇科、小檗科以及胡颓子科等科的植物。在植物界，仅十字花科的植物就有几千种，比如萝卜、大白菜、卷心菜、青菜、芥菜、大头菜等。所以，这也是它们特别喜欢赖在农村自留地里不肯走的原因。你有没有在菜汤里喝到小虫虫？没错，那多半就是粉蝶的宝宝。虽然看着有些倒胃口，但这在一定程度上表明这个菜的农药使用量可能较少。

在庞大的蝴蝶家族里，粉蝶属于粉蝶科。虽然它们的体型多为中型或小型，但它们的颜色多样，几乎集齐了彩虹糖里的所有颜色。北黄粉蝶穿着一身讨巧的奶黄色外套，不仅深得我心，从古至今，拥有这套衣装的蝴蝶也收获了不少文人雅士的笔墨。

2400多年前的战国时期，当时身为漆园吏的庄周，闲来无事在家中打瞌睡。他梦见自己变成了一只自由自在的蝴蝶，非常愉快惬意，突然间醒来，却发现自己仍是躺在床上，感到满心

蛹

老熟幼虫

有生命的宝石

科普小贴士

北黄粉蝶

科：粉蝶科

属：黄粉蝶属

寄主：豆科多种植物，如合欢、山合欢、截叶铁扫帚、筅子梢等

惆怅。于是便有了"庄周梦蝶"这个流传了千年的成语。宋代杨万里在《宿新市徐公店》里描绘了儿童追逐黄蝴蝶的场景："儿童急走追黄蝶，飞入菜花无处寻。"这句诗生动地展现了乡村生活的活泼与自然之美。晚唐诗人司空图的诗句"夕阳似照陶家菊，黄蝶无穷压故枝"，则带给人一种迟暮、苍茫的感觉。也许诗人是在借黄蝶对故枝（故乡）的眷恋，表达自己对往昔美好时光或某种情感的难以忘怀。我之所以偏爱北黄粉蝶，不仅仅因为它那讨巧的颜色，更因为它面对寒冬时的那股子倔强劲。

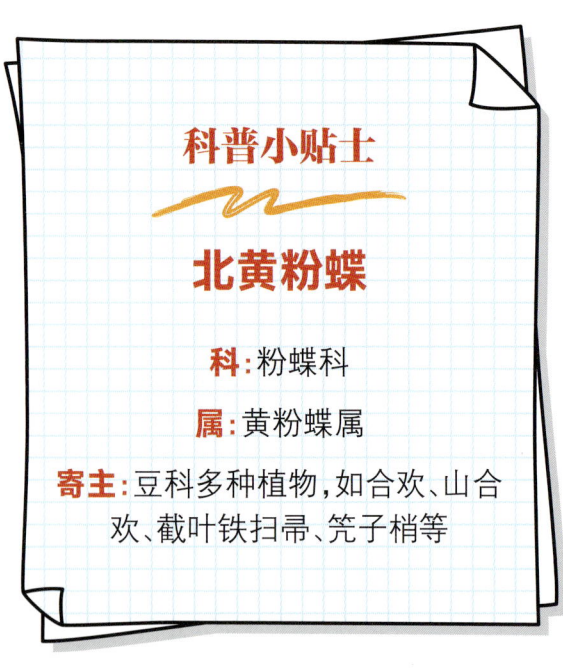

每年，当秋日的菊花成为花卉市场的主角时，便意味着季节的轮转。清晨的风中已能感觉到几分寒凉。山野里，大部分昆虫都已找到了合适的越冬场所：土壤下、砖石缝隙里、树皮下、枯枝落叶堆里……这些保温、保湿、向阳、避风的地方无疑是它们最好的选择。要想不被冻死，昆虫首先必须要做到体液不结冰。于是，它们开始了"瘦身运动"，采用停止取食、排便等方式，减少体内的水分和食物残渣。同时，它们体内的抗冻小分子开始快速积累。这是一种由甘油、山梨醇、甘露醇、海藻糖、葡萄糖以及氨基酸等组成的物质，不仅可以为沉睡中的昆虫提供能量，也可以提高它们的抗冻能力。你可以把它想象成汽车发动机里的防冻液。

初冬时节，万籁即将归于沉寂。北黄粉蝶成了山野郊外为数不多还在活动的昆虫。不久，当北方第一场寒潮到来之际，它们便会不吃不喝不动，倒挂在低矮的草叶下，开始为期2个月左右的漫长越冬之旅。它们选择用单薄的身体直面暴雪寒风，这是一场九死一生的挑战。它们怀揣着希望，在黑暗中沉睡，在寒冷中等待，只有最强壮的个体才能熬过漫长的严寒。当第一声春雷响起，随着惊蛰之日的到来，它们的生命也将开启新的篇章……

> 北黄粉蝶广泛分布于我国南方地区，是一种小型蝶类。它的翅膀以黄色为主，翅形圆润，前翅外缘饰有黑色斑纹，为其增添了几分雅致。幼虫体形呈长条状，常停息在寄主植物的叶片表面或茎干处，其体态与寄主叶片或茎干颇为相似，从而起到了很好的隐蔽效果。
>
> 北黄粉蝶原本是宽边黄粉蝶的一个亚种，但近年来，国外学者根据外观形态、食性以及分子生物学手段的研究，将其划为一个独立物种。北黄粉蝶是黄粉蝶属中分布较偏北的种类，因此得名"北黄粉蝶"。
>
> 在野外，人们经常能看到北黄粉蝶聚集在潮湿的地面吸水，它们从中获取矿物质，这些矿物质对它们的繁殖有重要作用，有助于雌蝶产下营养充足的卵粒。

绿灰蝶
的卵

有生命的宝石

住在栀子树果实里的"富二代"

绿灰蝶 发现日记

一龄幼虫

以果实为叶巢

老熟幼虫

活下去，这可是大自然里所有生灵的头等大事。在没有法律管束的野外，生与死的戏码每天都在上演，吃与被吃就像人类的呼吸一样自然。于是，万物都得拿出看家本领，斗智斗勇，历经亿万年的摸爬滚打，一代代用生命总结出活下去的妙招。

说到蝴蝶家族，那真是上天护佑，翅膀就是天使赠送的超级装备，让它们活得风生水起。可对于那些还没长出翅膀的小幼虫来说，成长之路简直就是黑夜里的刀尖舞蹈。在寄生蜂或寄生蝇的眼里，蝴蝶幼虫就是一只不会跑的"汉堡包"。它们靠着灵敏的嗅觉，追着植物受伤的味道，幼虫拉的屎、吐的丝这些线索不放。一旦被寄生，蝴蝶幼虫就变成了喂饱寄生蜂（蝇）幼虫的"自动售货机"，大多数都逃不脱被吃掉的命运。胡蜂更是残忍，毒针加大牙，几下子就把幼虫搅成了肉丸子。鸟类更不用说，那硬邦邦的嘴就像剪刀，咔嚓咔嚓，轻松搞定一顿大餐。还有蜥蜴、蝎子、

走进蝴蝶的秘密宝石基地

蜘蛛,个个都不是吃素的。

　　蝴蝶幼虫们啊,如果一步走错,那就会付出生命的代价。如何在这危机四伏的世界里活下去呢?它们各有各的高招!有的进化出了化学武器,比如凤蝶科幼虫,头胸之间藏着能放臭气的臭角;有的学会了伪装,装起鸟粪来简直可以以假乱真;有的自己动手搭房子,这是弄蝶幼虫的拿手好戏。

　　今天给大家介绍的这位,它住的可是顶级豪宅,不仅遮风挡雨、防虫防盗,房间里还装备了日常所需。整个幼虫期,它几乎不用挪窝,从来不会为了混口饭吃而四处奔忙,简直就是足不出户、尽享"蝶生"荣华。它就是住在栀子树果实里,号称蝶中"富二代"的绿灰蝶。

　　绿灰蝶的翅膀底色是淡雅的绿色,拖着细长飘逸的尾突,看起来非常清新脱俗,所以也有人叫它"绿底小灰蝶""栀子灰蝶",等等。雌蝶产卵时专挑大个儿的果子,卵就贴在果皮上,像一枚扁圆形的白色围棋子。幼虫一出来,先在果皮啃个小洞,然后一路吃进去,果皮就像坚固的城墙,把那些不怀好意的家伙都挡在外面。为了更安全,幼虫将自己的屎堆在洞口当大门,有时候干脆把屁股堵在洞口,好像在说:"私人领地,请勿打扰!"等到把果子吃空了,它也不急着搬家,直接在栀子果壳里化蛹,等着羽化的那一天。

科普小贴士

绿灰蝶

科:灰蝶科
属:绿灰蝶属
寄主:栀子

蛹

成虫

成虫

绿灰蝶，也叫"绿底小灰蝶""绿背小灰蝶""绿里小灰蝶""栀子灰蝶"，或者"绿底灰蝶"。雄蝶的翅尾是黑色的，翅膀上面为黑褐色，比雌蝶多了些闪烁的蓝色金属光泽，特别漂亮。

它的翅膀展开大约有35毫米到45毫米。这种蝴蝶有雌雄二型性，就是雄蝶和雌蝶的样子有点差别。雄蝶的前翅和后翅底面是灰褐色的，翅膀中央还有带金属光泽的暗蓝色鳞片，腹面底色则是绿色。雌蝶臀区的白斑比较明显，尾突也比较长。

绿灰蝶特别挑食，只吃栀子这一种植物。雌蝶产卵的时候，通常都喜欢把卵产在山栀果实的萼片附近。不过，有时候，人们也会在叶子、花苞这些地方看到它们的卵。

野外观察发现，到了秋天，绿灰蝶的幼虫长到最后阶段，就会在果实里不吃不喝地过冬，一直熬到第二年的春天，然后在果实里吐丝做蛹，等待羽化。

白弄蝶的卵

有生命的宝石

会"盖房子"的蝴蝶

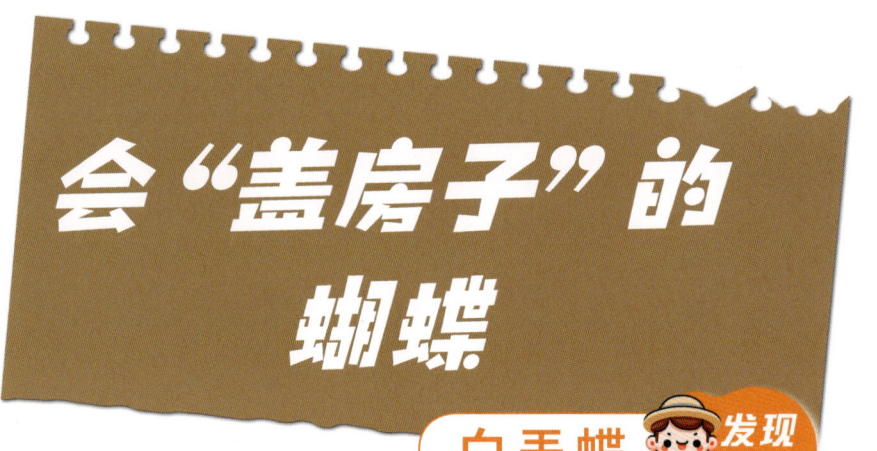

白弄蝶 发现日记

赤眼蜂是一个让鳞翅目昆虫听到名字就瑟瑟发抖的族群。这些小家伙一生就追逐着一个梦想：找到一颗新鲜的蝴蝶卵，然后"噗呲"一下扎个眼，在里面生下自己的宝宝。它们的鼻子灵得很，空气中一丝丝食物的香味都逃不过它们的追踪，基本上出手必中。当然啦，英雄也有吃瘪的时候，比如眼前这团粘在悬钩子叶片背面的小毛球，就是一枚白弄蝶的卵。卵上粘满了细长的柔毛，就像装了防盗网一样，让那些想白吃一顿的赤眼蜂急得团团转。眼瞅着大餐就在跟前，赤眼蜂却怎么也找不到进去的门，只能干瞪眼，吞吞口水，心里默念："寻隙如蜂眼更尖，针到用时方恨短。"

说到颜值，弄蝶家族在蝶类里可算是垫底的了。它们的翅膀是平平的，身体是胖胖的，经常让人分不清到底是蛾子还是蝴蝶。注意哦，咱们可没贬低蛾子的意思哦！

你知道吗？早在2000多年前的《诗经》里，就有蛾子的身影。《诗经·卫风·硕人》这样描述美人："手如柔荑，肤如凝脂，领如蝤蛴，齿如瓠犀，螓首蛾眉，巧笑倩兮，美目盼兮。"

叶巢

幼虫

蛾子的触角是弯弯的、细细的,用它来比喻美女的眉毛,简直太贴切了。这种比喻一直延续至今,后来又出现了"宛转蛾眉""蛾眉皓齿""蛾眉曼睩"等描述美人的成语。到了明朝,李时珍的《本草纲目》里提到"蝶美于须,蛾美于眉",这说明那时候人们已经学会用触角来区分蝴蝶和蛾子了。

那么,现在咱们怎么区分蝴蝶和蛾子呢?最准确的方法就是看触角啦。蝴蝶的触角是棒状或锤状的,就是上面粗粗的;蛾的触角通常是丝状、梳子状或羽毛状的。

弄蝶家族最拿得出手的就是与生俱来的建筑才华。它们出生的第一件事就是"盖房子"。它们沿着叶子啃个半圆,再用丝线拉拉扯扯,一个温馨的一居室叶巢就搞定了。有的还嫌"房子"不够敞亮,于是在"屋顶"啃几个"天窗",虽然简陋,但风雨不侵,温暖如春。白弄蝶更是聪明,选在边缘有刺的悬钩子叶片上安家,安全

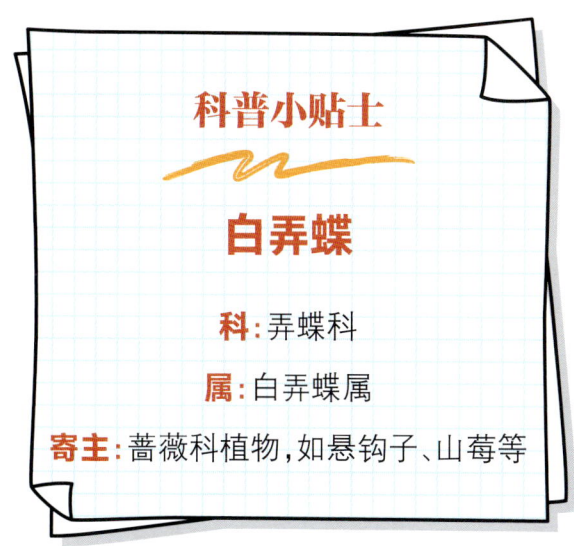

科普小贴士

白弄蝶

科:弄蝶科

属:白弄蝶属

寄主:蔷薇科植物,如悬钩子、山莓等

蛹

成虫

有 生 命 的 宝 石

指数直线上升。

"房子"既是宝贝,有时也是麻烦。这独特的造型让它们成了草丛里的"显眼包",特别是对那些大型食肉蜂来说,简直就是活生生的指路牌。而那些看似坚固的"房子",在胡蜂那裁纸刀一样的大颚面前,脆弱得跟纸一样,分分钟就被拆得七零八落。当然,总有那么几个幸运儿能熬到变成美丽蝴蝶的时刻。

成虫

白弄蝶为中小型蝶种。翅面为白色,具有暗褐色的斑纹,翅膀展开后通常为40毫米至45毫米。卵直径通常为0.9毫米至1毫米,呈白色或淡黄色。底部为稍微扁平的圆球形,表面有明显纵脊,通常会黏附雌蝶腹部的黄褐色细毛。

白弄蝶幼虫的寄主植物是山野广泛分布的蔷薇科植物,如悬钩子、山莓等。雄蝶会守在寄主植物丰富的区域,等待雌蝶,如果恰巧有其他雄蝶经过,那免不了有一场追逐战斗。这是它们为了争夺交配权而进行的自然竞争。

在秋季快结束时,白弄蝶幼虫会选择在适宜的叶片上构建越冬叶巢。它们通常会将两片叶子卷缩起来,形成一个保护性的空间。接着,幼虫会使用丝将这些叶子紧紧地缠在一起,并牢牢地拴在树枝上,以确保叶巢的稳固性。这个叶巢不仅为幼虫提供了一个避风的港湾,还通过其内部的"被子"(由幼虫吐丝织成)来保持温度,帮助幼虫顺利度过寒冷的冬季。这是一种典型的滞育现象。当春天来临、气温回升时,幼虫会苏醒过来,爬出叶巢,开始它们新的生命周期。

残锷线蛱蝶
的卵

有生命的宝石

山野有"侠客"

残锷线蛱蝶 发现日记

残锷线蛱蝶的卵像一只浑身长满刺的绿菠萝，凹凸不平的表面均匀分布着尖锐的棘刺。蝶卵藏身于忍冬叶片表面的短糙毛丛中，等待破壳而出的那天。喜欢看冷兵器电影的朋友对这枚卵粒的造型或许有点眼熟：中世纪欧洲骑士擅长的晨星锤与它有个八分像。这种锤子因为棘刺形似星芒，所以得名"晨星"。

忍冬，一个听起来就很坚强的名字，它的另一个名字——金银花，你应该会很熟悉。"独表芳心三月尽，忍冬宜唤忍春花。"清代诗人陈曾寿的《忍冬花》道出了冬去春来的朝气。"忍冬藤，生凌冬，不凋，故曰忍冬。"这种始载于《名医别录》中的藤本植物，又被李时珍的《本草纲目》详细记载，是一味传承千年的中药材。聪明的蝴蝶也窥探出了它的价值，将它指定为自己孩子成长过程中的营养食品。

不过，从人类的视角来看，卵粒上、叶片表面那些看似尖利的"细针"，摸上去充其量也只是有些微微的刺触感。然而，在一些昆虫看来，这却是一片难以逾越的茂密荆棘：蚂蚁闯进去会绊住脚，寄生小蜂会恨自己的尾针太短而扎不到目标。在卵孵化前的几天时间里，这些"细针"就像一道铁丝网，让那些心怀不轨的家伙知难而退。同时，绿色的卵粒模拟出叶片的颜色，增加了隐蔽性，这相当于又加了一份"意外险"。

产卵

野外观察发现，相比于那些裸露在外的卵粒来说，残锷线蛱蝶的后代孵化成功率相当高。

为了在残酷的大自然中存活下去，残锷线蛱蝶的幼虫演化出一套独特的保命手段——将自己伪装成一截枯萎的叶脉。初期孵化的幼虫首先会啃食掉叶尖部分的叶肉，同时还会故意留下一些细碎的枯叶，并通过吐丝将其固定在叶脉基部。不仅如此，幼虫平时排出的粪便也是"宝贝疙瘩"。它们会把湿漉漉的粪球与碎叶混杂在一起，堆在自家门口，看起来确实令人有些倒胃口。然而，这一切都是为了迷惑天敌的视线。幼虫深知，在这个世界里，活着比什么都重要。在整个低龄阶段，幼虫都如同在钢丝上行走，过着危机四伏又极为低调的生活。

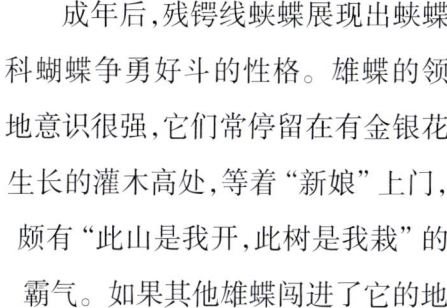

蛹

老熟幼虫

成年后，残锷线蛱蝶展现出蛱蝶科蝴蝶争勇好斗的性格。雄蝶的领地意识很强，它们常停留在有金银花生长的灌木高处，等着"新娘"上门，颇有"此山是我开，此树是我栽"的霸气。如果其他雄蝶闯进了它的地盘，它会毫不客气地冲上前去，用翅膀猛烈地拍打对方。即使其他家族的蝴蝶路过歇脚，也可能会惹恼它。当然，它也不是每次都能打赢，如果遇到更厉害的狠角色，它也会乖乖地让出地盘，"好汉不吃眼前亏"。如果把这种暴躁的性格放进武侠小说，它大概可以对应梁山上那位胡子拉碴、袒胸露背、排位二十二的粗野莽汉。然而，它又是一位不折不扣的"剑客"。

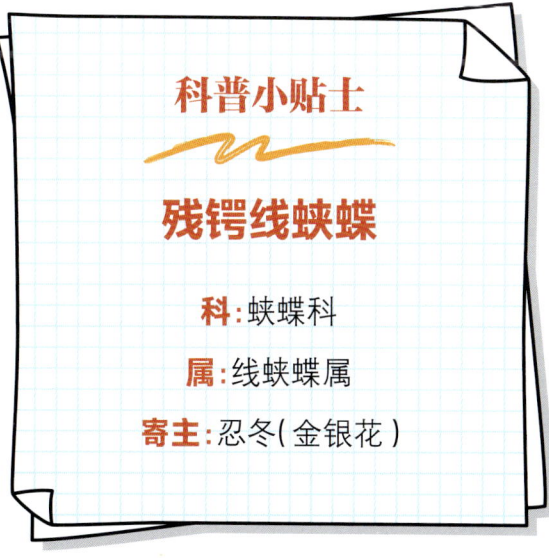

科普小贴士

残锷线蛱蝶

科：蛱蝶科

属：线蛱蝶属

寄主：忍冬（金银花）

成虫

"锷"是一个与兵器紧密相关的汉字,特指刀剑的刃口部分。"残锷"这个名字又平添了几分江湖的肃杀之气。残锷线蛱蝶的前翅中室有一条白色剑眉状纹路。遗憾的是,恰好在这条纹路的三分之二处,也就是最显眼的位置,有一枚黑色斑点,"残锷"一名由此而来。不过,即使"剑"有残缺,也不能让它一蹶不振,它正如古龙笔下那出手狠辣且最有信用的独臂剑客——"中原一点红"。

在蝴蝶家族中,残锷线蛱蝶的颜值不算高,翅膀的正面呈黑褐色,背面为褐红色,左右两侧点缀着对称的白色斑纹。不过,在特定的光线角度下,翅面上的白鳞片会散射出温润的色泽,就像是被晨露滋润过的玉石,让它多了几分风雅之气。

正可谓:

慢摇绫罗玉扇轻,手执残剑闯山林。
山中隐侠非凡品,剑气如虹映日明。
玉扇轻摇风带韵,残剑出鞘寒光凝。
江湖路上多风雨,我自逍遥在林间。

> 残锷线蛱蝶是一种体型中等的蝴蝶,虽然特点很多,但如果想确定它的身份,最好还是等它停下来。它是一种比较常见的蝴蝶,若它不停下来,就很容易与其他外型类似的蝴蝶(如中环蛱蝶、柱菲蛱蝶等)相混淆。

橙翅襟粉蝶的卵

有生命的宝石

碎米荠上粘着"小玉米"

橙翅襟粉蝶 发现日记

农历三月一到,大山里头那股子春味儿就悄悄地冒出来了。风也变得温柔多了,不再像冬天那样寒冷。大自然从冬眠的被窝里伸了个懒腰,醒了。大树们不甘落后,抽出嫩绿的小芽尖儿。脚下的泥土地也换上了花里胡哨的新衣裳,点点彩色,看着就叫人舒心。

我呢,就爱往这初春的草地上一躺,跟大地来个亲密接触,听听它在耳边轻轻絮叨,感受它浓烈的气息,晒着阳光,那叫一个惬意。不过,我还得小心,别压坏了那些刚探头的嫩草苗苗,它们可是攒了一整个冬天的劲儿,才露个小脸儿。

记得去年初春,我又来到了山北那条熟悉的林荫小道,沿着枯叶铺成的小路,一路往山谷溜达。阳光透过树叶的缝隙,洒在地上,像撒了金子似的,脚下落叶还"沙沙"作响,跟奏乐一样。这时候,春天的使者——野花家族,早就在山谷开起了派对,二月兰、紫花地丁、紫堇、毛

蛹

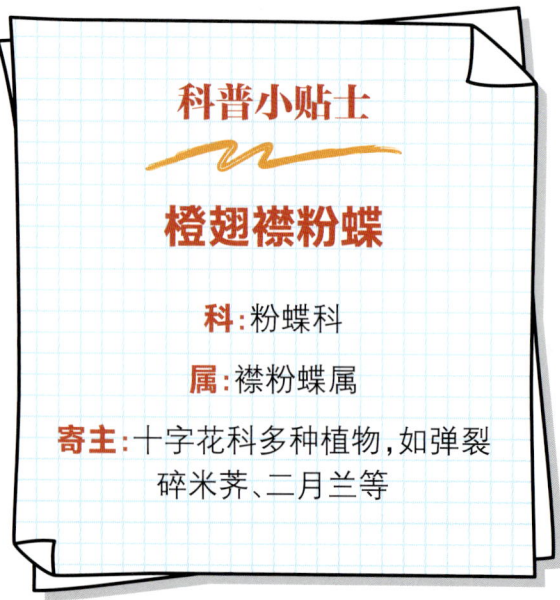

科普小贴士

橙翅襟粉蝶

科:粉蝶科

属:襟粉蝶属

寄主:十字花科多种植物,如弹裂碎米荠、二月兰等

苠、老鸦瓣、婆婆纳……一群群小野花，这儿一丛，那儿一簇，热闹得很。

山野里还静悄悄的，只有远处偶尔传来几声鸟叫，像是在喊："嘿，春天来了！"这时候，蝴蝶家族的大部分成员还在赖床，但有那么一个勤快的小家伙，早就起来工作了，它就是橙翅襟粉蝶。

想找它们很简单，往山里头钻就行，找片二月兰地守着，耐心等待就好。我呢，就优哉游哉地往地上一坐，落叶被阳光晒得暖洋洋的，跟个小暖炉似的，从下往上暖着身子。保温杯里泡上一杯热咖啡，小口小口地品，眼睛半眯着，享受这山里的慢生活。"你若盛开，蝴蝶自来。心若浮沉，浅笑安然。"这句话放在这儿，再合适不过了。没一会儿，一只橙红色的小蝴蝶就扇着翅膀，颠颠儿地飞来了，这就是橙翅襟粉蝶。雄蝶看起来花枝招展的，雌蝶则朴素多了，没那么张扬。

在动物界，雄性个体在繁殖竞争中往往需要靠"颜值"和"肌肉"来吸引雌性。以鸟儿为类，雌性通常更青睐羽毛鲜艳的雄性，因为鲜艳的羽毛往往代表着雄性拥有更好的基因。类似的，强壮的体格也是许多动物在繁殖竞争中的重要优势。这在蝴蝶家族里也是一模一样的：雌性说了算，雄性得拿出真本事！

三月的天气，跟小孩脸似的，说变就变。初春时节，冬天似乎还不肯离去，时不时冷不丁地来一下，害得不少早起的小虫子遭了殃。不过，橙翅襟粉蝶可聪明了，它们橙色的身子能吸热，还有那身绒毛，简直像高科技保暖内

交尾

产卵

老熟幼虫

衣，既能保温又能防水，还能感知环境变化。这些特性使它们能够更好地觅食和交配。

你瞧，这株弹裂碎米荠上粘着的蝶卵，就是它们的后代。卵壳上的条纹排列得整整齐齐，跟小玉米似的。初产的卵呈白色，几天后，卵变成橘红色。再过几天，幼虫就会从卵中钻出来，经过蜕皮、化蛹，等到第二年春天再出来玩啦！

卵

橙翅襟粉蝶雌雄异色，雄性个体的前翅呈现出鲜明的橙红色，而雌性的前翅则呈现为纯白色调。它们的后翅腹面布满了云雾状的黄绿色斑纹，这一特征使得它们在合翅休息时能够巧妙地与环境融为一体，实现出色的伪装效果。橙翅襟粉蝶主要栖息于丘陵及山区地带，在城市环境中则较为罕见，这主要是因为它们的寄主植物——弹裂碎米荠，在山区分布更为广泛。

由于橙翅襟粉蝶拥有讨喜的橙红色，它们也收获了众多"粉丝"，并曾被民间蝴蝶爱好者亲切地称为"最美粉蝶"。这种蝴蝶一年只繁殖一代，通常在5月前后吐丝化蛹，在接下来的300多天里，它们将以蛹的形态度过漫长的夏、秋、冬三季。

雄蝶

雌蝶

古眼蝶的卵

有生命的宝石

古眼蝶 发现日记

古眼蝶，眼蝶家族里一位极其平凡的成员，其身材与相貌都显得平平无奇。它的拉丁名 *Palaeonympha* 中的"palaeo-"前缀，意为"古老的"或"古代的"，暗示这种蝴蝶具有某种古老或原始的特征。这或许是它的为数不多可以拿出来说一说的话题。

然而，每次见到古眼蝶，我的思绪总是被拉回多年前 5 月的那座江中荒岛——潜洲，那个至今还留有谜团的地方。如果你有兴趣，就让我把这个故事说给你听吧！

一龄幼虫

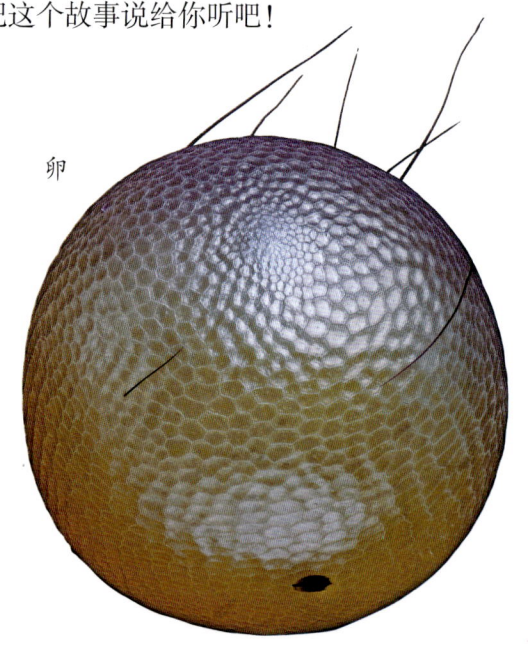

卵

潜洲，长江中的一座小岛，四面都被江水包围，很久以来，极少有人能走进这座神秘的岛屿。那年岛上发生了一件奇怪的事情，据说一夜之间，江滩边突然出现一排足有拳头大小、呈梅花状的巨大脚印。这些脚印究竟是什么动物留下的？这顿时引起了我的兴趣。我马上约了几位朋友，请了一位当地渔民，准备前往岛上解开这些脚印的秘密。

5 月的一个清晨，江边码头。远处，狭长的小岛横在江中，如一条巨鳄将半个身子潜在冰

老熟幼虫

蛹

冷的江水中,不知在窥视着什么。岛屿在迷雾中时隐时现,如蓬莱仙境。这一切都让小岛愈发显得神秘了。

一艘小船推开远处的迷雾缓缓驶来,由远而近。岸边原本平静的江水,突然间变得有些慌乱,狠狠拍打着岸边的石块,搅起阵阵白色水花。我们踩着湿滑的船板,踏上不住晃动的船身。宽阔的江水中,木船如飘摇的孤叶,在深不可测的江面迷雾中不安地晃动着。众人扶住船舷,一路无语。

"呼哧",迷雾中不知谁发出了一声低沉的喘息,又像是一声叹息。我们沉浸的思绪一下子被拉回到冰冷的江面中。

"呼哧",紧接着又是一声,喘息中似乎还夹杂着水花的喷溅声。就在距离小船几米远的水面,一个巨大的黑影露出足有一米长的脊背。还没等我看个仔细,转瞬,它又沉入江水中,只留下一串大小不一、急速转动的漩涡,此刻小船似乎也摇晃了一下。

记忆总是会在脑海最不起眼的角落里,收藏一个早已满是灰尘、几乎已经忘记的离奇故事。很久以前,在我的孩童时代,老人说过,那滔滔的江水中,生活着一种"怪物"。它力大无穷,神秘莫测,每当渔民划着小船出江捕鱼时,它们就会偷偷跟在船尾,用黝黑强壮的身体顶翻小船,将渔夫和渔货拖入漆黑的江水深处……

"那是什么?"我们不由得抓紧了船舷,在忐忑不安中等待它的再次出现。

不知何时,太阳终于懒洋洋地从东方爬了上来,雾气终于散去,眼前的景物变得清晰,辽

有生命的宝石

科普小贴士

古眼蝶

科：蛱蝶科

属：古眼蝶属

寄主：莎草科多种植物

阔的水面重新恢复宁静，巨大的黑影却再也没有出现。

小岛已近在咫尺，江水拍击堤岸发出的响亮"啪啪"声清晰可辨。这荒凉之地，究竟有哪些秘密等着我们去发现？会不会遇到巨大脚印的主人？一路充满了期待与好奇……

我们的脚步刚刚踩上松软的江滩，"呱"，一只蓝灰色的尖嘴大鸟红着眼睛从岸边的灌木丛中突然飞起。它沿着长长的江滩飞翔，不断发出单调而刺耳的叫声。难道它是荒岛的卫兵，正用我们听不懂的语言，向岛上居民发出警告？声音如点燃的烽火台，"呱呱"声此起彼伏，堤岸边不断有飞鸟加入，仿佛约好了一般，向着小岛不同的位置四散远去。

倒伏的树木随处可见，散发着潮湿腐败的味道，林子暗处则是菌菇的生长乐园，脚下厚厚的枯叶发出清脆的"咔咔"声，岛上处处都是原始的气息。回望江对面，城市的喧嚣已经远去，很难相信，仅一江之隔，这里竟已是另一个天地。

窄窄的泥巴小路已被植物重新占领，在半人高的枯萎茅草丛中，众人努力辨认着小路的方向，向岛的另一侧缓缓前进。一只棕色的小蝴蝶从草丛里翩然飞起又落下，恰好停在小路当中。我举起相机，为它拍下几张照片。多年以后整理相册时，我才知道，这是我与古眼蝶的初次见面。

跨过岸边的荆棘，眼前豁然开朗，这是一处天然港湾。狂躁的寒风在这里顿时安静了许多。几棵水桶一般粗细的枯树，倒伏在细软的沙滩上，盘根错节的树根裸露在风中，树的另一头则浸没在江水中，被江水冲刷了不知多少个年头。江水的不断冲刷，让江滩早已变得光滑平整。数不清的螺蛳和小贝壳已失去生机，安静地躺在沙滩上。形状各异的足

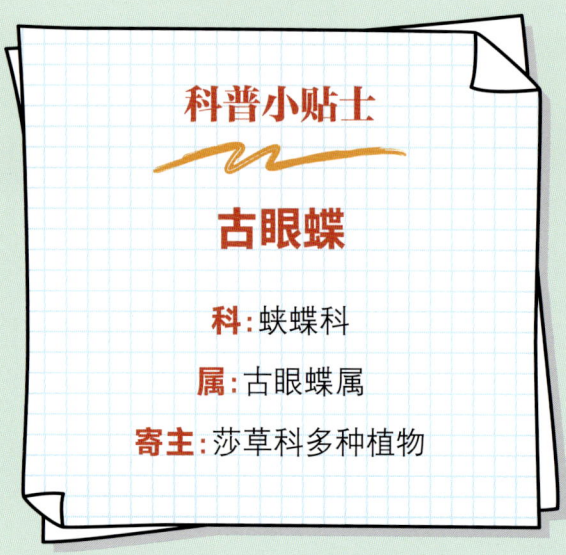

成虫

迹也被细心的沙滩清晰地保存下来。分四个叉的,是鹭鸟的足迹;鸭子们留下的脚印,则是乱糟糟的一团……

突然,一个奇怪的足迹出现在大家眼前。呈梅花状的脚印足有拳头大小,中间有一块明显的凸起,后半段是半圆形的凹痕,有些像某种犬科动物的足迹。数十个形状相似的足迹整齐而有规律地从岸边一直延伸到小岛的西南方,最终消失在岸边的草丛中。难道是野狗留下的?有人猜测。"狗有这么大的脚印吗?"也有人表示怀疑。那究竟是什么动物留下的?众人分头寻找可疑的线索。

几个小时不知不觉就过去了,太阳已经移到天的另一头。沙滩上的足迹逐渐变得模糊,只有相机记录下了它曾经的清晰模样。传说中的神秘动物一直没有出现,我们也再没发现与足迹相关的任何蛛丝马迹。大家心中虽有不甘,却也无可奈何,只能期待下一次它出现时能多留下一些线索。暮色低垂,众人踏上归途,也许几年后答案才能揭晓,也许永远没有答案……

古眼蝶是一种中型眼蝶,其后翅腹面通常具有三个眼斑和若干模糊的环纹,每个眼斑及其环纹内部都点缀着银色小斑点。雄蝶的前翅背面,沿翅脉分布着暗色的分枝状标记。在江南地区的初夏时节,古眼蝶是山区较为常见的一种眼蝶,成虫偏爱在林下阴暗环境中缓慢飞行。

雌蝶会将卵产在寄主植物的叶片上,初产的卵呈米黄色。小幼虫身上带有红色纵纹,随着年龄的增长,这些纵纹会逐渐褪去,幼虫身体变为黄褐色。幼虫通常栖息在寄主植物的叶片的基部。蛹体呈褐色,表面布满了暗色的花纹。古眼蝶一年繁殖一代,以幼虫形态越冬。

大红蛱蝶的卵

走进蝴蝶的秘密宝石基地

会包饺子的小家伙

大红蛱蝶 发现日记

　　这枚蝶卵的主人叫大红蛱蝶，蝶卵圆润碧绿，通体呈现一种水润的质感，犹如被一层水膜包覆着，用玉石界的行话来说，就是一枚品相上乘、水头十足的冰种翡翠。它表面的透明纵纹，既是自然赋予的精致装饰，也是生命力量的微妙展现。想得到这样的宝贝，那必须先找到一种植物——苎麻。这种营养美味的多年生草本植物，是大红蛱蝶优选的寄主植物。

　　每年3月末，是踏青的好时机，阳光还不算强烈，风已带着春的暖意，二月兰、蒲公英、婆婆纳这些耐寒的山野小花开得烂漫，它们抢了春天的风头。

　　听朋友说，前阵子城北一个公园里的苎麻长出了嫩苗，没准能寻到大红蛱蝶。我心里没当回事，因为公园并不是我们这群"刷山"爱好者的首选。相对单一的植物种类，限制了物种的丰富性，总觉得少了点野趣，也正是这个念头，让我差点错过了这枚"冰种翡翠"。

　　憋了几天，终于盼到双休，原本打算去南边的大山里走走，可惜天公不作美，阴沉沉的，还飘着细碎的雨点，只能委屈一下自己，去附近的公园里转悠转悠。于是，城北郊的公园成了首选。

　　天气不好，游客不多，我知道这样的天气就连路边的小野花也会闭门谢客。那天我站在公园门口，心里还犹豫着要不要换个地方，经验告诉我，园林痕迹很浓重的地方往往不会有太好的收获。

有生命的宝石

产卵

幼虫

叶片上的卵

叶巢

　　公园不大，沿途都是水泥路，周围栽种的大多都是香樟、石楠等，两侧的野草被清除得一干二净。一路果然与预期的一样，除了几只满地乱爬的蚂蚁，什么也没看到。半小时过去了，相机没开张，依旧躺在摄影包里睡大觉。

　　路过一个岔路口，右手边是一条游客很少会走的小路，我突然想起来，穿过去好像有半亩尚未被景区关注的荒地，前几年来过，貌似有一些早春的小野花，这可能是唯一会有惊喜的地方。既然来了，就进去走走吧。

　　最后的荒地也已经被开发，杂草被除了个干净，十几棵一人高的紫叶李树整齐地站在原本荒地的位置，只有几株浑身是刺的杂草拉拉藤，在裸露的泥土中扎下了根，算是给荒地留了点面子。

　　正当我准备打道回府时，不远处几株躺在地上的植物让我停下了脚步。即使隔着十多米远，我也察觉到了一些不寻常。走到近前，果然是苎麻，这是几棵春季刚发的新苗，高不过尺余，粗不及手指，叶片还透着鲜亮，齐根处有着明显被利刃割过的痕迹，伤口处渗出一汪淡绿色的汁液。随手拾起一根，草茎无力地耷拉下来，残存的水分支撑着茎秆最后的生机。

　　这苎麻啊，在以前可是宝贝，民谚有这么一句话："屋前屋后，种桑种麻。"可如今它却是城市园林绿化杂草清单里首批被关照的对象。早在4000多年前的新石器时代,长江中下游部分地区已开始种植苎麻。在很长的一段时期里,由苎麻做成的夏布,成为上至王公贵族,下至平民百姓都能穿的主要纺织品。不仅如此,苎麻鲜叶可作糕团,味极清香,鲜叶的蛋白质含量较高,是草食动物的优质蛋白饲料。因为原产地在我国,苎麻在国外还有"中国草"之称。星月轮转,原本的香饽饽成为杂草,只有大红蛱蝶不离不弃,依旧选择把自己的宝贝藏在苎麻叶片的短糙毛中。

科普小贴士

大红蛱蝶

科:蛱蝶科

属:红蛱蝶属

寄主:苎麻、榔榆等

不抱希望,惊喜也就来了,叶片上的几粒"小砂砾"吸引了我。轻轻一抖,嘿,纹丝不动!放大镜一瞅,原来真是蝶卵!新鲜出炉的,还闪着光呢。叶子上密布着半透明的微绒毛,就像一片天然的荆棘防护网,让那些贪嘴的蚂蚁举步维艰,知难而退。

我蹲在地上,仔细收拾着叶片,心里那个美呀,这回真是没白跑,宝贝到手了!

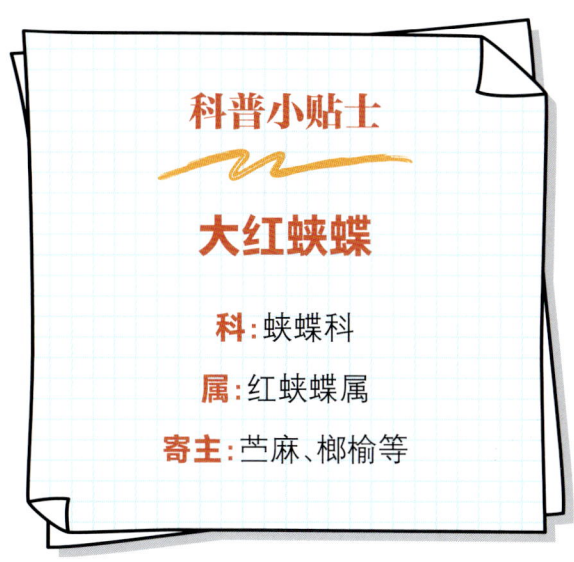

成虫

卵

　　大红蛱蝶是中型蛱蝶，具有极强的适应能力，广泛分布于亚洲地区。成虫翅膀的背面有鲜艳的红色斑块，后翅腹面为深褐色，有云雾状斑纹。成虫休息时，前翅的红斑会收于后翅间，形成一种拟态，使其看起来像树皮、枯叶，从而更好地融入环境。

　　雌性大红蛱蝶通常会将卵产在苎麻或者榔榆的嫩叶上。取食苎麻的幼虫会咬断叶片中脉，使叶片下垂，然后吐丝将叶片对称包裹，形成类似饺子状的叶巢，幼虫藏匿其中。幼虫的体色多样，有黑色、黄色、白色、棕红色等，浑身长满细密的刚毛，这些刚毛可以恐吓捕食者。大红蛱蝶一年可繁殖多代。冬季来临前，它们会选择在干燥的草垛、灌木丛或者建筑的屋檐等隐蔽处栖息，以成虫形态度过漫长的冬季。

二尾蛺蝶的卵

山道上的重口味大餐

二尾蛱蝶发现日记

漫长的雨季终于过去，大山深处的一条泥巴小路已经被各种灌木杂草抢占了大半，它们伸直了"脖子"，你压着我，我拉着你，争夺着这难得的生存空间。此时，几只大蝴蝶正陶醉在一滩发黑的"烂泥巴"上，扑腾着翅膀，细长的嘴巴不断探进"食物"的最深处，贪婪地吮吸着。

站在下风口的我，只觉得那极具攻击力的味道一股脑地往鼻子里钻，闻着头晕。从新鲜程度上判断，这滩"烂泥巴"应该是几天前，有位吃坏肚子的赶山人在迫不得已的情况下，弯腰解开裤腰带，将它们留在这荒野小路上。

不过，或许正符合了它们的口味！要不，这几只二尾蛱蝶也不会吃得这么认真。被誉为"花中仙子"的它们，为何竟有如此癖好？

二尾蛱蝶算得上是蝴蝶家族里高颜值的代表。它的受精卵像一枚发亮的甜枣，幼虫头顶触角，有着"小青龙"的响亮名号，羽化成蝶后更是因为清新脱俗的一袭青衣，"涨粉"无数，从小到大，可谓顺风顺水，一路高光。如果不是亲眼所见，真的很难让人相信，身着"正装"的

一龄幼虫

它们竟然有着常人难以理解的暗黑口味。

不过此时，我可要为它们辩上几句：蛱蝶家族的食谱可谓非常丰富，可口的花蜜、熟透腐烂的水果、酸甜的树汁，甚至是动物的尸体，只要能从中获取到身体所需的矿物质，它们是来者不拒。作为蛱蝶家族的成员，二尾蛱蝶当然也免不了好上这一口。

只见在散发着独特味道的食材上，二尾蛱蝶探出嫩黄色的"吸管"，不断轻抚着，试探着，

吮吸着……似乎在寻找食材中最柔软多汁的那一部分。不一会儿的功夫,它的肚腹便膨胀隆起,或许真的是吃撑了,这才恋恋不舍地收起"吸

都有如此的福气能够品尝到人类与大自然共同制作的"美味"。

当然,竞争者比比皆是,它们虎视眈眈,时刻惦记着,希望也能分走一块"蛋糕"。

苍蝇是最敏感的投机者,虽然食量不大,但胜在数量多。它们一边吃着,一边嘴巴里还"嗡嗡"地哼着难听的曲子,完全不顾别人的感受。另一群动物也闻"香"而来,蜣螂(俗称"屎壳郎")凭借强大的嗅觉,在空气中捕捉到远处"美食"的独特香味,它们兴奋地赶到,迅速

老熟幼虫

管",如同醉酒的汉子,跌跌撞撞地挥着翅膀,落到一旁的小树上。看样子,它还不想就此放弃,可能在盘算着,过会儿再来吸上几大口。

山野之中,食物原本就稀少,而冷门的山野更能凸显"美食"的珍贵。并不是每一只蝴蝶

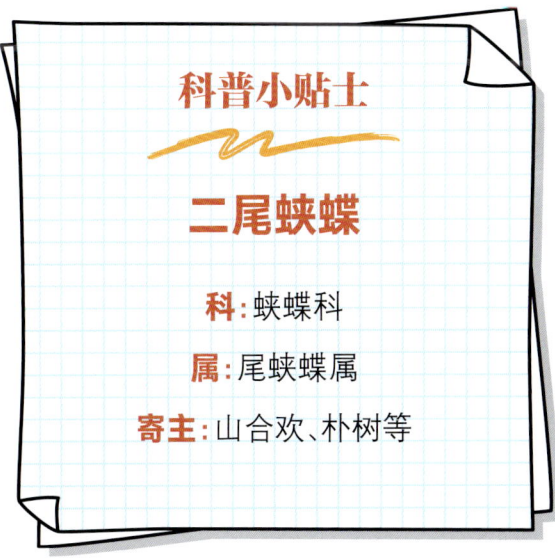

科普小贴士

二尾蛱蝶

科:蛱蝶科

属:尾蛱蝶属

寄主:山合欢、朴树等

077

有 生 命 的 宝 石

将"烂泥巴"切割分块,搓成"肉圆子",并相互推搡着,希望自己能抢到最大的那块。

那位制造"泥巴"的人再也想不到,他的无心之举打造了一处"山林集市"。随着时间的推移,太阳终于沉入了地平线,山林间逐渐陷入了宁静与黑暗。蝴蝶、苍蝇、蜣螂吃饱喝足,满意地四处离去,享受着夜晚的宁静。不过,夜行的动物蠢蠢欲动,它们摩拳擦掌,即将加入剩下的夜宵之争。

逆光下的二尾蛱蝶

二尾蛱蝶是一种拥有两对尾突的美丽蝴蝶。淡绿色的翅膀上长有如弓箭一般的花纹图案,所以也被称为"弓箭蝶"。在夏季的山林中,经常能看见它与其他蝴蝶一同停留在发酵的食物上大快朵颐。

不过,读完这篇短文后,请你不要误会,不是所有蝴蝶都偏爱如此重口味的"美食"。

蝴蝶通过长长的喙吸取食物中的矿物质,其中钠是尤为重要的一种元素。研究已经证实,钠在蝴蝶的消化和神经传导过程中均扮演了重要的角色。除了矿物质,蛋白质也是蝴蝶们所喜欢的重要成分。

请不要用歧视的目光看待这些美丽的蝴蝶,因为这就是最真实、最原始的面貌,虽然它们独特的口味可能会让我们大跌眼镜。

稲眉眼蝶的卵

有生命的宝石

"倒霉眼蝶"不倒霉

稻眉眼蝶 发现日记

一龄幼虫

交尾

　　油润的绿色蝶卵安静地黏附在一片芒草叶的背面，看似浑圆的卵粒表面均匀地布满了精美的蜂窝状纹饰。卵表黏附着雌蝶产卵时留在腹部末端的鳞片，这些鳞片在光线下微微闪烁，像是为卵镶嵌上了一层细腻而神秘的装饰物。它们不仅增添了卵的质感，更似乎在诉说着雌蝶产卵那一刻的辛勤与期待。深浅不一的色泽告诉我们，生命正在其中悄然孕育。而那些精美的纹饰和黏附的鳞片，仿佛也在默默守护着即将诞生的新生命。它就是——稻眉眼蝶的卵。

　　在蝴蝶的庞大家族中，稻眉眼蝶这一脉在中国目前发现有300多种。它们大多都很低调，或者因为天生不太喜欢与阳光打交道，平时大多数时间都躲在密林中，有时也会在林缘附近活动一下。中等或偏小的体型，暗淡的颜色，加上低调的个性，从古至今，它们始终没有登上人类聚光灯下的大舞台，却凭着各种各样

老熟幼虫

的眼状斑吸引了不少"粉丝"的眼球,我也是其中的一员。

每年5月中旬一直到11月的中上旬,只要进山,都少不了它们的一路相随。这些小家伙似乎天生喜欢"躲猫猫",它们也不跑远,就喜欢不急不慢地跟在裤腿几米开外的地方。我要是一靠近,它们又好像害羞似的抖抖翅膀,飞出去几米远,藏起身形,张着大眼睛,透过草叶的缝隙,偷偷等着我来找,如此反复,乐此不疲,这倒是给枯燥的山野徒步增添了几分趣味。

说到"躲猫猫",它的宝宝可是不折不扣的高手。在日常生活中,稻眉眼蝶的幼虫大部分时间都是躲在叶子背后睡大觉,只有在吃饭的时候才懒洋洋地挪几步,慢悠悠地对着周围随便啃几口糊弄一下。整套流程就像是10倍慢放的电视画面,看着简直急死个人。你可别瞧不起它,它可是昆虫界里颇有名气的小网红,有着"Hello Kitty"(凯蒂猫)的外号。你看,圆脸蛋、尖"耳朵",是不是和小猫咪有那么几分神似?

在动物界,猫科动物往往都是狠辣的捕食者。这毫无御敌本领的稻眉眼蝶幼虫是不是也想让自己看起来凶一点,为自己增添一份活下去的保障呢?只不过这只长着凯蒂猫脸的毛毛虫,在人类世界看起来倒是多了几分呆萌。

蛹

有 生 命 的 宝 石

科普小贴士

稻眉眼蝶

科：蛱蝶科

属：眉眼蝶属

寄主：禾本科多种植物

在生物学上，它归属于鳞翅目，眼蝶亚科，学名为 *Mycalesis gotama Moore*。"gotama" 起源于梵语，意为"黑暗中的光明"。这正印证了那句话："当你在野外凝视它时，它会在黑暗中用6只炯炯有神的大'眼睛'回望你"。

在历史文化中，各种鸟兽昆虫也常常成为画家笔下的主角，后来还发展成了一门"草虫"画科。早在魏晋时期就有关于画草虫的记载，至唐代，花鸟画发展趋于成熟，草虫画也随之更加完善。到了宋代，花鸟画发展到达高峰。明代后期的绘画艺术又有了新的发展和创新，其中一件金笺扇面上的《野芳草虫》正是这一时期的代表作之一。画中除了容易观察到的蚂

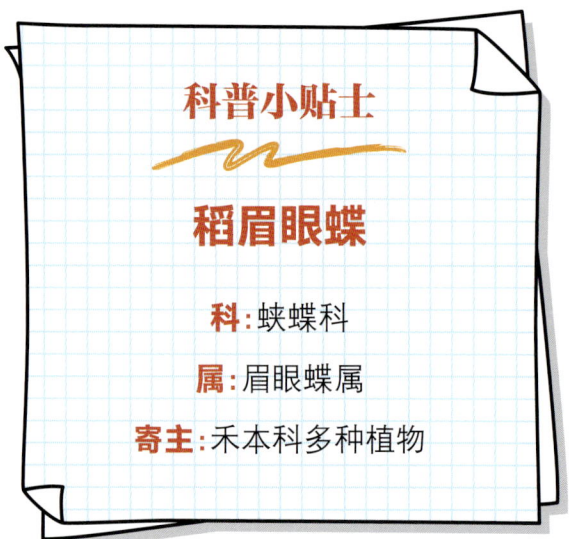

老熟幼虫

成虫

蚁、蜜蜂、蝈蝈，还有一只蝴蝶也甚是抢眼。这只蝴蝶的前后翅亚外缘腹面有一排眼纹，加上腹面中间有一排眉状线纹，由这些特征判断，它应为蛱蝶科眉眼蝶属家族里的一位。在文学作品中，"眉毛和眼睛"是"眉眼"最直接的含义，"眉眼"常用来形容人的容貌或神情。当年为它定名的研究者一定也是被其翅膀上那具有眉眼效果的翅斑所吸引，因为这种独特的外观特征尤为显著。

稻眉眼蝶的主食是禾本科植物，因此水稻自然也是它菜单上的一道佳肴。在农药还不普遍的农耕年月，与民争稻的它是农民眼中的"大麻烦"，于是，它顺理成章地被请进了农业害虫的排行榜。如今，在机械满天飞的稻田里已经很少看到它们穿梭飞舞的身影。它们把家搬进了大山里，那里有吃不完的稗草、狗尾草……它们在那里继续着自己幸福的小日子。

如果你觉得它的名字有些拗口，不妨试着读快些——"倒霉眼蝶"。

稻眉眼蝶体型中等偏小，翅膀为褐色。前翅正面亚外缘有2个黑色眼斑，上小下大；前翅反面小眼斑上下各有相连的1个更小的眼斑；中线呈灰白色，自前缘直达后翅后缘。后翅反面亚外缘有6至7个黑色眼斑。

昆虫家族往往以量取胜，稻眉眼蝶也不例外，每只雌蝶可产卵100多粒，它们会将卵聚产于寄主叶片下表面。卵的数量看似惊人，但绝大多数都会成为各种蜂、蜘蛛、鸟类成长的养料，真正能熬过冬季，最后活下来的也只有寥寥个位数。不过，千百万年的进化历程，使它们早已习惯了这样的生存方式。它们遵循着"儿孙自有儿孙福"的规律，那些学会低调、手握运气的家伙，最终还是会拿起家族延续的接力棒。

点玄灰蝶的卵

走进蝴蝶的秘密宝石基地

谁动了你的多肉？

点玄灰蝶 发现日记

如果你在网络搜索栏里输入"点玄灰蝶"几个字，迎面而来的往往是一片讨伐之声，有些朋友甚至对它恨得牙痒痒，誓与它势不两立。这样反常的现象在有着"花中仙子"美誉的蝴蝶大家族里绝对是罕见的。这位身材小巧、看似人畜无害的小家伙为何会如此统一地收获差评呢？一切都归咎于它与众不同的口味。

灰蝶科蝴蝶幼虫大多以豆科、蔷薇科、壳斗科、茜草科等被子植物为寄主，但点玄灰蝶却选择了一条与众不同的道路——它选择了景天科植物，也就是我们常说的多肉植物。讲到这里，你大概应该明白了。只要被玄灰蝶"相中"的多肉植物，基本上都不会有什么好下场。它的幼虫会直接钻进多肉的叶片中，把叶肉啃得一干二净。这对于多肉植物爱好者来说，每一口都无异于啃在他们的心头肉上。

长久以来，野外的点玄灰蝶家族通常选择垂盆草、瓦松等景天科植物作为食物。近些年，多肉植物成为都市植物爱好者眼中的新宠。野外的点玄灰蝶家族突然惊喜地发现了城市里这片空白的生态位，于是一部分家族成员欢天喜地地搬进了城市，梦想着从此过上衣食无忧的日子。然而，它们却触碰了人类的生态红线，莫名其妙地站在了人类的对立面。于是，战斗开始了。

多肉植物迷们开始了反攻模式。一些细心的朋友找到了笨办法：举着放大镜把粘在叶片上的虫卵一个个挑掉。有的朋友选择了偏方，在多肉植物旁边放大蒜，试图用强烈的臭辣味熏走它们。有些人则干脆下了猛药，直接启用了杀虫剂这类"武器"。

这小家伙还真是神出鬼没，正应了名字里的"玄"字。在汉语中，"玄"除了表示颜色外，还常用来形容深奥、神秘或变化无穷的事物。在城市里，点玄灰蝶始终采用敌进我退的战法，以及边打边退、见缝插针的策略，在城市中迂回游走。它凭着不到一个月的短暂生活史，趁你没留神，逮着机会就生下一窝崽。

不过，在我的眼里，这指甲盖大小的蝴蝶倒是蛮可爱的。黑灰色的翅面点缀着大小不一的黑点，后翅外缘还点缀着两枚橙红色斑，飞起来也是不急不慢，优雅中带着几分文静。为了更好地观察它们家族的习性，我甚至还专门买了几盆多肉植物，故意摆到阳台上。正如我

啃食叶肉的幼虫

蛹

所料，没隔两天，植物叶子上便多了几枚白色的卵粒。

与灰蝶家族绝大多数种类一样，点玄灰蝶的卵也是白色扁圆形的。在超微距镜头下，卵的表面呈现出复杂整齐的网状纹，而多肉植物表面散落的细碎砂砾、干裂纹路以及细微的凹凸，让我一下子想到了那年8月与友人环绕祁连山，沿途3000千米所见的连绵沙漠、无垠戈壁与令人神往的广阔草原。

科普小贴士

点玄灰蝶

科：灰蝶科

属：玄灰蝶属

寄主：垂盆草等景天科植物

走进蝴蝶的秘密宝石基地

如果你也想多了解一下它们的隐秘生活，不妨在向阳的空旷处摆上几盆多肉植物，没准它还会叫上亲戚朋友一起来。楼层高？没关系，我在28楼的平台上，也见到它们活得挺滋润的。

> 点玄灰蝶属于小型灰蝶，一年可繁殖多代，以幼虫形态越冬。它色彩朴素，体型娇小，与一枚硬币大小相仿，隶属于鳞翅目灰蝶科的玄灰蝶属。在停歇之时，其后翅上微小的尾突会不停地进行前后摆动，以此巧妙地吸引捕食者的视线，误导它们将这一部位认成头部，从而巧妙地掩护了其真正头部的安全。
>
> 它与城市中常见的蓝灰蝶、酢浆灰蝶相似，都有着较小的体型、相似的翅纹和贴地飞行的习性，也只有认蝴蝶的老手才能在飞行中判断出它们各自的身份。

成虫

黑灰蝶的卵

有 生 命 的 宝 石

破译蚂蚁通信的"摩斯密码"

黑灰蝶 发现日记

　　6月,我在山里的板栗树上寻到了宝贝——几枚粘在板栗树花序上的黑灰蝶卵。看色泽,它们应该已经存在两三天了。从外观上看,它们完美地继承了灰蝶家族精巧的设计风格,呈棋子造型,并辅以精美的雕刻工艺。你再细看,就在棋子的正中间,那层叠状、形似花瓣的图案,就是精子进入卵孔时的生命通道。在灰蝶家族中,这些卵或许没有引人注目的特点,但它们却另辟蹊径,选择了与家族其他成员完全不同的生存策略,走上了一条既神奇又充满风险的成长之路。

　　在蝴蝶家族里,灰蝶以小巧著称,翅展通常在10毫米到30毫米之间。宋代仇远的《木兰花令》中有诗句:"垂杨柳舞吹笙道,红粉台空灰蝶小。"同时期的词人张镃在《崇德道中》也写道:"羊蹄根老漫溪浔,灰蝶闲飞兴亦深。"灰蝶或许不如凤蝶那般飘逸,也没有蛱蝶那么爱炫耀,在历史中关于它们的记录确实寥寥无几。

　　但灰蝶似乎并不在意这些,它们一心一意地过着自己的小

幼虫出卵

日子。如今，灰蝶家族发展得人丁兴旺，全世界已知约有 6000 种。

灰蝶的幼虫大多呈扁平状，就像一条被压扁的蛞蝓（鼻涕虫）。在猎食者眼里，它们就是一道毫无防御能力且跑不快的优质蛋白质大餐。为了活下去，灰蝶积极探索家族的生存之道，如拟态伪装、呕吐装死等。在长期的摸爬滚打中，灰蝶终于找到一条属于自己的康庄大道——那就是雇佣保镖。它们看中了蚂蚁家族贪嘴爱吃糖的弱点，抛出橄榄枝，积极寻求合作。

通过尾部能分泌蜜露的独特腺体结构，灰蝶一举将蚂蚁家族成功拿下，形成了"你保护我，我给你甜头"的共生关系。从此，蚂蚁赶走了瓢虫和马蜂，灰蝶幼虫过上了只管吃喝睡的幸福日子。由此看来，与其逃避、抗拒，不如从逆境中发现顺境的机会。

而黑灰蝶更是将这套策略玩到了极致。它们直接潜入了日本弓背蚁的老巢，吃喝拉撒全靠蚂蚁伺候着，甚至还会偷吃蚂蚁的幼崽以达到日常营养均衡。不过，想在暴躁的日本弓背蚁嘴里讨得一口饭吃，那可不简单。秘密全在于黑灰蝶掌握了"蜜露"最佳的调配方式，如同一杯魔力十足的"鸡尾酒"，让日本弓背蚁卑躬屈膝、欲罢不能。"鸡尾酒"的主要原料是甘氨酸和葡萄糖，两者比例必须严格控制在 1:4。配

卵

方稍有偏差，都不会引起日本弓背蚁的兴趣，甚至黑灰蝶自己也会被蚂蚁当作下酒菜。

在进入蚁巢前，黑灰蝶幼虫要做足准备，谁也不想费了半天劲，却成了蚂蚁餐桌上的一道菜。日本弓背蚁会用触角来识别家族同类体表的气味（实际上是识别信息素）。黑灰蝶幼虫如果气味稍有不同，或者"走路"姿势不正确，就会被喜怒无常的蚁巢守卫撕成十八块。即使顺利通过第一道门岗的盘查，在进入蚁巢后的24小时至48小时内，黑灰蝶幼虫更要低调行事，绝大多数黑灰蝶幼虫都会倒在这个时间段。一旦蚁群接纳了新的成员后，它们就会变得无比温柔，每天嘴对嘴地喂养黑灰蝶幼虫，无条件地照顾这个异类。

目前，全世界大约有三分之二种类的灰蝶与各种蚂蚁有互动关系，其中200多种的灰蝶科幼虫会寄生在蚂蚁的家族里。漫长的演化让灰蝶科幼虫早早就破译了蚂蚁之间通信的"摩斯密码"，利用振动来送餐和发号施令，早就过上了"饭来张口"的日子。

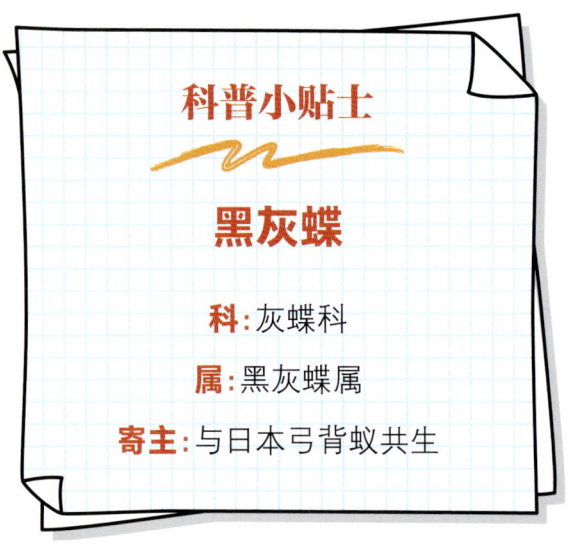

科普小贴士

黑灰蝶

科：灰蝶科
属：黑灰蝶属
寄主：与日本弓背蚁共生

黑灰蝶的翅膀呈黑褐色。雄蝶翅膀的正面闪烁着紫色光芒，翅膀的反面则为灰褐色。其斑纹为褐色，周围镶有白边，这种独特的外观使它们在日本弓背蚁活动的区域中格外显眼。

6月初，黑灰蝶的雌蝶便早早地为尚未诞生的孩子们选定了出生地——那里必定会有日本弓背蚁的存在。从黑灰蝶的幼虫从卵壳中钻出的那一刻起，它们就开始以植物枝叶上蚜虫分泌的蜜露为生。这种蜜露营养丰富，含有水分、糖分和氨基酸等多种成分，为幼虫提供了充足的能量和营养。当幼虫长到二龄左右时，蚂蚁会把它们搬回家中。

随着秋冬季节的悄然临近，蚂蚁们的活动也逐渐减少。此时，幼虫会悄悄地转移到蚁巢出口附近，因为它们深知自己的身份总有一天会暴露。于是，它们选择在这里化蛹，一动不动地等待着来年的春风。当蚁巢的入口再次被打开，明亮的阳光洒满巢穴时，蛹便开始纷纷羽化。此刻，它们已经拥有了可以飞翔的翅膀，只需再躲过蚂蚁的攻击，便能自由地翱翔于天际。

尽管有蚂蚁这一"奶妈"兼"保镖"的庇护，黑灰蝶的家族依然显得神秘莫测。它们通常只在每年的5月至7月展露踪迹，其余时间则隐藏在黑暗的地底。这个家族中还有更多的秘密等待我们去探索、发现。

幼虫聚群生活

蚜灰蝶的卵

有生命的宝石

蝴蝶爱吃肉？

蚜灰蝶发现日记

很难想象，眼前这枚粘在莠竹叶背、直径不足 1 毫米的半透明"纽扣"结构设计得竟然如此精巧。透着水润光泽的蝶卵表面，均匀分布着蜂窝状网格，这些网格自外缘由大至小延伸至"纽扣"正中的受精孔处。每粒蝶卵的前端都有受精孔，这是卵粒在受精时精子进入卵内的通道。在受精孔的周围，常常伴有花瓣状的独特花纹。这枚蝶卵就是蝴蝶家族中鼎鼎大名的肉食者——蚜灰蝶的卵。为了寻到它，我可是跑了几座山头，费了不少功夫。

科普小贴士

蚜灰蝶

科：灰蝶科

属：蚜灰蝶属

寄主：幼虫以常蚜科、扁蚜科的蚜虫及其分泌物为食

产卵

说到昆虫中的肉食种类，那可谓是家喻户晓，如螳螂、蜻蜓等。不过，如果有人告诉你，蝴蝶也吃肉，我想你大概率会毫不犹豫地选择否定。的确，在全世界约 2 万种的蝴蝶大家族里，几乎 99% 的幼虫都以啃食植物的叶、花、果为生。然而，其中的云灰蝶亚科却另辟蹊径，选择捕食蛋白质含量更高的蚜虫、蚂蚁卵等，成为家族中一支另类的食肉大户，蚜灰蝶就是其中的一种。

在长江中下游地区，寻找蚜灰蝶卵最好的时节应该在 10 月中下旬。不过，通常每年到了这个时间，我"跑山"的节奏也会逐渐放缓，因为又到了一年准备收尾的阶段，山里也已经没有几个月前那般热闹了。小路上最常见的活物除了蝗虫就是蚂蚱。而我最钟爱的蝴蝶家族

走进蝴蝶的秘密宝石基地

吸食蚜虫分泌物

幼虫

蛹

物、伴侣以及生活中的一切所需,所以它们无须像其他蝴蝶一样为了一口吃的而过着漂泊不定的生活。莠竹是禾本科莠竹属的一种植物,为多年生或一年生草本。它纤弱的身子躲在阳光不易照到的路旁、沟边。虽然名字中有个"竹"字,但它远没有同属禾本科的毛竹那般壮实,甚至还没有狗尾巴草那般挺拔。而真正吸引蚜灰蝶的,却是与莠竹伴生的一种蚜虫。

10月末,莠竹也到了抽穗结实的日子。我又去山里转了转,不出所料,没有任何发现。值得高兴的是,蚜灰蝶并没有想象中那么脆弱。它们见缝插针,在人类没有关注到的一些角落里安了家。这不,在山北的一片竹林边的水泥防火道旁,我又发现了一个小种群。几只指甲盖大小的雄蝶优雅地站在叶片上梳理触角。轻轻翻开叶子,几十头粉白色的蚜虫挤在一起。它们身体表面分布着的蜡孔或蜡片从体背延伸到体缘甚至周缘,能够分泌蜡粉或蜡丝以刺吸植物中的营养,同时,它们还会分泌出

中,除了北黄粉蝶、黄钩蛱蝶、大红蛱蝶等几种以成虫形态越冬的蝴蝶还活跃在温热的阳光下外,其他的大多已以卵、幼虫、蛹的形态准备迎接即将到来的冬天。不过,至少还有蚜灰蝶值得期待。

然而,蚜灰蝶家族的分布范围很狭窄,它们几乎只生活在齐膝高的莠竹丛里,很少会主动离开自己的栖息范围。因为这里可以找到食

成虫

含糖的蜜露和排泄物,这可能会诱发竹煤污病。这些含糖的蜜露不仅是蚜灰蝶成虫的食物,还吸引了不少嗜糖如命的蚂蚁前来分食。

运气不错,翻了几片叶子就看到蚜虫群里藏着的猎手——蚜灰蝶幼虫。这是一只接近末龄的幼虫,身体两侧有许多长毛,背上有两条黄色的纵向线条。仔细一看,一枚圆形的小"纽扣"就粘在蚜虫群的最外圈,似乎它也在虎视眈眈地看着眼前这群正在埋头干饭的"肥羊"。

蚜灰蝶的翅膀腹面散布着20余个黑斑,犹如围棋棋子。因此,它还有个名字——"棋石小灰蝶"。或许是因为不需要长距离寻找食物,在蝴蝶家族里,它算是比较安静的一种,大多数时候都会在箬竹分布的区域短距离活动。

有趣的是,蚜灰蝶幼虫经常会把蚜虫体表的蜡粉往自己身上蹭,这是为了更好地隐藏自己的气味,避免被蚜虫的"保镖"——蚂蚁发现。蚜灰蝶是为数不多的肉食性蝴蝶,幼虫以常蚜科、扁蚜科的蚜虫及其分泌物为食,一年可繁殖多代。

有学者报告了蚜灰蝶在箬竹叶上捕食蚜虫的数据:一只三龄的蚜灰蝶幼虫一天可以吃掉266只蚜虫,其食量是食蚜蝇的4倍,是异色瓢虫的6倍。在实验室条件下,低龄幼虫一天也能吃掉90只蚜虫,真是名不虚传的"蚜虫克星"!然而,这些并没有引起人们过多的关注。随着城市化进程的加快,早些年我记录的几处箬竹丛里的蚜灰蝶栖息地,也在一次次的公园养护、山林抚育后逐渐萎缩,甚至消失。

蓝灰蝶的卵

有生命的宝石

宝贝送上门

蓝灰蝶 发现日记

　　不足半毫米的卵粒藏在胡枝子枝头最柔嫩的苞芽边缘，这是蓝灰蝶刚刚产下的卵。扁平的卵粒有着立体的网纹与对称的结构，这是灰蝶家族独有的精妙设计风格。在野外，如果不是运气加持，想在茫茫山野中寻到它的踪迹，那真可谓大海捞针。即使瞅准了位置，也要依靠放大镜的帮助，或许才能在细密的长柔毛中获得准确定位。不过，我得到这个宝贝真没费什么功夫，可以说是小蝴蝶自己"送货"上门。

　　那天是周六，我揣着一个蒸饭团和一瓶水，一早就踏上了进山的路。没什么特别的目的，就是想往山里头走走，看看风景，透透气。秋季的几场雨水后，阳光终于不像前阵子那么辣人，凉风里混着草叶和泥土的味道。

　　这个季节进山，那真是一种享受。葛藤把自己的藤蔓挂得到处都是，花香味弥漫了整个山谷。胡枝子也到了自己该绽放的时候，枝子上挂满了一簇簇紫红色的小花，连成了片，成了山道里最美的风景。

　　走走停停，黄绿相间的北草蜥慵懒地趴在

交尾

产卵

叶子上晒太阳,淡黄色的北黄粉蝶一路盯着各种小花不放,成熟的野生毛栗落得满地都是,剥开一颗塞进嘴里,糯甜可口,这在城里可是稀罕的山货。一条突然横穿小路的翠青蛇更是让旅途增加了一些探险的野趣。这片看似杂乱无章的山野,实则是一个精密的微型生态系统,为各种生物提供了生存的空间与庇护。

不过,我沿途看到最多的当属蓝灰蝶。在我的拍摄清单里,它们以低难度的发现率频繁出现在我的视线中。它们似乎很有耐心,总是绕着我飞,一会儿在叶子上停一停,一会儿又到花上摆个造型,但送上门的模特终究还是没让我有欲望举起相机——毕竟它们太普通了。

不知不觉就走到了中午,我随便找了一块山石坐下,掏出包里温热的蒸饭团,油条的香脆混着粘牙的糯米,啃上一大口,那真叫一个香。

一只不识趣的小蓝灰蝶像个小跟屁虫,就落在我眼前不足一米的胡枝子小花上,这小家伙还真不怕人。仔细看看,它还是挺好看的。它的翅面为黑褐色,翅腹面满是柔和简约的冷调蓝,后翅外缘点缀着三四个橙黄色小斑,一下子感觉灵动了许多。原本我也没在意,可它的一个举动,却让我觉得这个小不点有点看头。

它不访花,也不离开,就围着嫩枝子飞,好像在焦急地找什么东西。眼看着它落到花丛较暗处的一个嫩芽上,腹部缓缓弯曲,好家伙,

蛹

幼虫

有生命的宝石

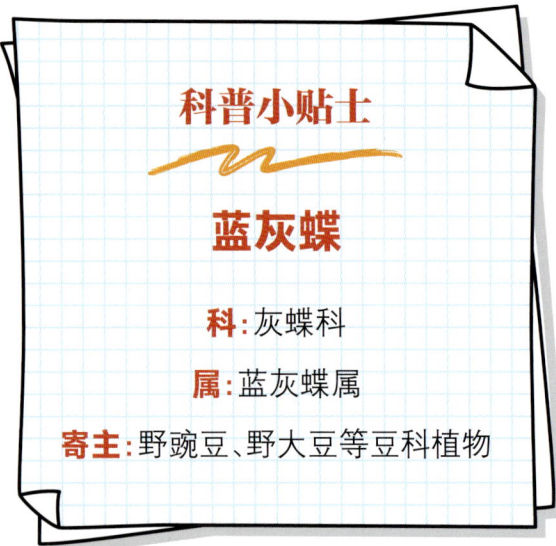

科普小贴士

蓝灰蝶

科：灰蝶科

属：蓝灰蝶属

寄主：野豌豆、野大豆等豆科植物

成虫

它是要产卵。我赶紧放下手里的半个蒸饭团，拿起相机，小蝴蝶大约保持了这个奇怪的姿势四五秒，然后如释重负。

没准儿有惊喜，我眼睛紧紧盯着这个小芽，生怕一阵风来晃花了眼睛。掏出放大镜，来来回回搜了几回，哈哈，这枚宝贝得来全不费工夫。

蓝灰蝶为雌雄异型。雄蝶翅面为蓝紫色，外缘为黑色，前翅中室端部有明显的黑斑，后翅有小尾突。雌蝶翅面为黑褐色，中室无黑斑。成虫喜访花。

蓝灰蝶幼虫取食广泛，通常以野豌豆、野大豆、紫花苜蓿、紫云英、胡枝子等豆科植物的嫩叶和花为食。这也让它们的家族成为蝴蝶家族里的广布优势种，无论是早春还是盛夏，一年中的许多时间都能看见它们。

它们的幼虫呈蛞蝓状。与许多灰蝶科幼虫一样，蓝灰蝶幼虫和蚂蚁有着一种有趣的互利关系——幼虫分泌蜜露给蚂蚁吃，作为回报，蚂蚁为幼虫提供保护，避免幼虫受到瓢虫、蜂类等天敌的攻击。

连纹黛眼蝶的卵

有生命的宝石

竹林里的晚婚家族

连纹黛眼蝶　发现日记

　　一年过得真快，转眼到了11月，早晚的温差让人提前感受到了初冬的凉意。每到这个秋冬交替的时节，咱们这群在山里野了大半年的巡山小分队本该是刀枪入库、马放南山的时候了。不过，我这两天心里一直痒痒的，想去南郊那片竹林瞅瞅，如果没记错的话，连纹黛眼蝶家族也正是在这个时候举办婚礼、生小宝宝呢。它们可是蝴蝶家族里晚婚晚育的代表。要是运气爆棚，也能给这一年的巡山之旅来个漂漂亮亮的收尾。

　　好不容易熬到周末，一大早，窗帘一拉开，阳光一下子就涌了进来，天气好得不得了，走咯，出发！八九千米的路，骑上车，"嗖嗖嗖"，半小时搞定。公园门口那大铁门简直就是摆设，守门大爷悠闲地躺在椅子上晒太阳，两只田园犬一左一右护法，几只跑山鸡一边"咯咯"地叫着，一边用脚丫子刨地找食。四五座小山丘夹着两三个小野塘，公园荒了七八年没人管，倒成了杂草野花的乐园，这儿一片，那儿一丛，长得倍儿欢。园子不大，步子迈开，走一圈也就半小时。这看似杂乱无章的环境，反而成了不少山野小精灵的家。

　　一路上，说实话，挺无聊的，我就看见几只黄钩蛱蝶在加拿大一枝黄花上舔得那叫一个陶醉。它们哪知道这种从美洲漂洋过海来的植物，凭借着超强的繁殖能力和战斗力，很快就站稳

一龄幼虫

走进蝴蝶的秘密宝石基地

科普小贴士

连纹黛眼蝶

科：蛱蝶科
属：黛眼蝶属
寄主：毛竹等禾本科植物

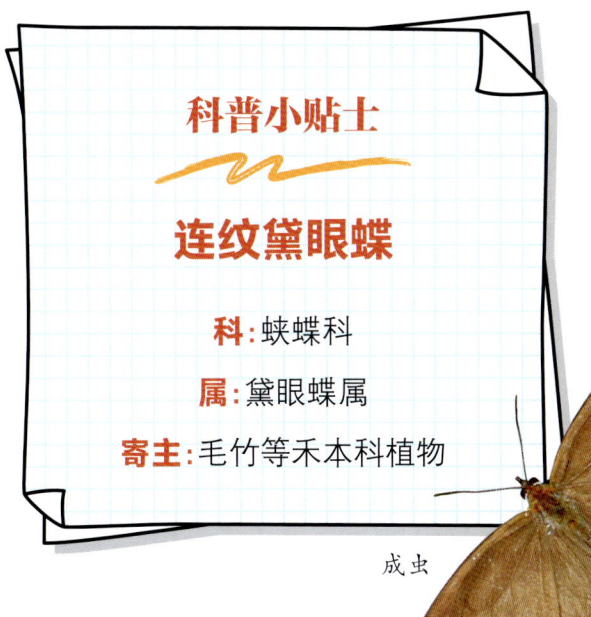
成虫

了脚跟，长得到处都是，把咱们本土的植物欺负得那叫一个惨，还入选了《重点管理外来入侵物种名录》。想着"保护环境，人人有责"，我一路走一路拔，连根带泥，大的小的，消灭了十多株，也算给咱们本地植物出了口恶气。

拔得正起劲呢，突然身边草丛里"哗啦"一声，接着就是一阵急促的"沙沙"声，草被压出一条S形的小路，"砰！"我吓得跳了半尺高——一条青绿色的大蛇就在我脚尖前头半米的地方立起半个身子。虽说我不怕蛇，但这家伙快两米长了，还是吓得我心脏狂跳了几下。

这是乌梢蛇，个头大，但没有毒，被惹急了会模仿眼镜蛇的样子吓唬人。其实它也是个胆小鬼，估计正晒太阳打盹呢，身边突然冒出个人来，吓得它直接放了大招。我和它对峙了十多秒，看我没被吓到，心虚的乌梢蛇就慢慢趴下，溜回草丛深处了。

眼看就要到竹林了，远远就看见几只蝴蝶围着竹林进进出出。这个季节，还能这么潇洒飞的，也就只有连纹黛眼蝶了。它们的翅膀为黄褐色，能完美地

蛹

老熟幼虫

有 生 命 的 宝 石

成虫

藏在环境里,翅膀上面还有几个暗黄色眼状斑,跟侦探似的,时刻盯着周围。

说到这眼斑,其实是不同色素的鳞片通过光的反射和折射形成的。那眼斑到底是干什么用的呢?科学家们从19世纪末就开始琢磨了。有的认为眼斑主要是用来防御天敌的。1889年,英国博物学家华莱士指出,很多缺乏防御能力的昆虫会通过模仿危险动物的样子来躲避天敌的攻击。1890年,英国昆虫学家波尔顿在《动物的色彩》中提到,昆虫身上的眼斑看起来像天敌的眼睛,能吓唬捕食者。这个理论被称为"恐吓假说"。

不过,也有科学家提出了另一种理论——"偏转假说"。小的眼斑会让捕食者误以为是"真眼睛",攻击时就搞错了方向,打到了不重要的地方。捕食者一击不中,昆虫就能趁机逃跑。当然啦,眼斑对鸟类或者节肢动物可能有用,对咱们人类可没啥影响。

阳光晒得暖洋洋的,我干脆坐在地上,无意间看到一个家伙躲到暗处。干啥呢?哎呀,原来它在产卵呢!我翻开竹叶,一枚皮质感的卵粒在阳光下闪闪发光,完美收官!

连纹黛眼蝶属于中型蝴蝶,其后翅正面有4个圆形黑斑,周围有暗黄色圈,反面外缘、中部和近基部有3条黄褐色横带纹。翅膀整体为淡黄褐色。连纹黛眼蝶喜爱竹林这一清幽之地,常常在林间翩翩起舞,为静谧的竹林增添了几分生机与活力。值得一提的是,连纹黛眼蝶成虫并不像许多其他蝴蝶那样热衷于探访花朵,它们更倾向于吸食树汁来满足自己的能量需求。

幼虫为绿色,平时贴附竹叶背面。一龄幼虫头部突起不明显,从二龄开始头部突起并逐渐向中间收拢。随着龄期增长,幼虫看起来既可爱又带有一点滑稽。蛹为绿色,胸部侧边具有黄色纹。连纹黛眼蝶一年可繁殖多代,以幼虫形态越冬。它们常常选择在寄主叶片下化蛹,以此来保护自己免受外界干扰。

有生命的宝石

树、柳树或构树的伤口处舔舐发酵的甘甜树汁，甚至和苍蝇、蟑螂一起争夺腐果、粪液的控制权，毕竟山中资源有限，要活下去，谁都不容易。

虽然琉璃蛱蝶属内的蝴蝶，全世界记载只有琉璃蛱蝶这一种，但它也是我寻常走山时最常遇到的种类。它们总在我的脚步前面三五米的地方一蹿一跳地飞，扇着翅膀半遮半掩地展示着唯一拿得出手的那点色彩，自作多情地撩拨着我的眼神。其实我手中的相机都不愿意多看它一下。要是遇到它们赶路的时候，那速度可是快如闪电。生物学分类命名的奠基人——卡尔·林奈为其命名时所用的Canace，在希腊语中意为"风之子"，这也为其增添了一份动感。它的幼虫就是一个胆小的刺头，蜷着浑身长满毛刺的身子，躲在菝葜叶子的背后，低调地讨生活，虽然浑身长满吓人的棘刺，但没有毒性，只能用来骗骗自己或吓唬吓唬别人。不过，作为山里的老朋友，每回我巡山时，它们总是热情地一路相随。看到菝葜，我也会停下步子，凑上去在叶片上翻找一番。

成虫

琉璃蛱蝶分布于亚洲的广泛区域，是一种中型蛱蝶，翅展为60毫米至70毫米。躯体背侧为黑褐色，腹侧为褐色，一条淡水蓝色带状斑纹贯穿上下翅，在前翅呈"Y"状。翅反面基半部为黑褐色，因为背面有两条蓝色带，又名"蓝带蝶"。

雌蝶对于产卵位置并不挑剔，寄主植物的叶片、嫩茎都可以。卵为翠绿色，具有多条纵行脊突。幼虫常栖息于寄主叶片下表面，身体具有黄色或橙色的坚硬棘刺，但这些棘刺并没有毒性。在野外，琉璃蛱蝶幼虫的寄生率非常高。一些幼虫被蝴蝶爱好者带回去饲养，到幼虫老熟时，寄生蜂的幼虫会从其身体里钻出并化茧。蛹常化于寄主附近的细枝下。琉璃蛱蝶一年繁殖多代。它们以成虫的形态越冬，通常寻一处草垛、屋檐等温暖的避风处，收紧翅膀御寒。在阳光明媚时，它们会晒个日光浴，安心等待春天到来，再次起舞。

一龄幼虫

老熟幼虫

光的加持，也像是蒙上了一层灰。直到几年后我无意中认识了一个新词——"琉璃绀"，这是一种颜色的名称，通常被描述为深青透红或类似藏青的深蓝色。这种颜色在传统文化中具有一定的象征意义，常被用于装饰佛寺、佛像等，给人以庄重、神秘之感。在莫高窟的壁画中，我们可以见到许多佛像的发髻、服饰以及背景等部分使用了这种深青透红的颜色。例如，莫高窟第254窟的壁画《尸毗王割肉贸鸽》中，尸毗王的青发就使用了琉璃绀色，这种颜色在千年之后依然明亮如新，展现了古代艺术家们高超的技艺和对色彩的精准把握。北京雍和宫梁栋上的雕花彩绘同样也运用了层次变化丰富的绀色。那一刻，我终于解开了心头的疑惑，也真正体会到命名者当初为其冠以"琉璃"两个字的良苦用心。此后再看琉璃蛱蝶，原本的"菜蝶"身上好像又多了一层神秘和庄严的色彩。

不过，有一说一，它的生活习性的确有失稳重。首先是性格暴躁，当然特指雄性，雄蝶具有很强的领地意识和攻击性，常常趴在高枝的叶子上护着自己的一亩三分地，静候"佳人"，还会用翅膀追打驱赶闯进地盘的冒失鬼，甚至是人类。而它们对美食的理解也是蝴蝶家族里出了名的可甜可咸的"重口味"，或许是它们的基因里还保留着老祖宗们吸食原始松柏等裸子植物未成熟种子分泌的含多种糖类物质的高营养液——"传粉滴"的饮食记忆，所以花蜜并不是它们的首选，它们最爱与锹甲、胡蜂一道挤在栎

科普小贴士

琉璃蛱蝶

科：蛱蝶科
属：琉璃蛱蝶属
寄主：菝葜科多种植物，如菝葜等

有生命的宝石

神秘的"风之子"

琉璃蛱蝶 发现日记

这是我在路边一株菝葜的叶片上寻到的宝贝——琉璃蛱蝶的卵。它的椭圆形的表面均匀分布有九道自上而下的白色纵脊，往里边再仔细瞧，薄薄的卵壳就像一个水晶杯，里面盛着一杯神秘且古老的绿色魔法药水。不知道你有没有注意到，卵粒基座的黏液周边竟然泛起七彩的油光，就像把漏油的圆珠笔芯扔进水里泛起的迷幻色彩。这不寻常的颜色着实困扰了我一阵子，后来，在朋友的提醒下，我才隐约悟得其中原因：菝葜宽大的叶片托住了来往汽车尾气中那肉眼不可见的悬浮颗粒，没想到却在雌蝶产卵的黏液中现出了原形。

琉璃，一个具有想象空间的名字。它是在1000多度的高温下烧制而成的，其色泽流光溢彩，品质晶莹剔透、光彩夺目。古人也叫它"五色石"。在古代，由于民间很难得到，人们把琉璃甚至看得比玉器还要珍贵。

不过，我常常有疑惑：为什么在给琉璃蛱蝶起名时，"琉璃"被用来表示蓝色？

有人说，琉璃蛱蝶，这名字起得不好。起初我也这么认为，因为它与琉璃似乎扯不上关系，干瘪枯叶一样的翅膀看上去脏兮兮的，正翅面的蓝带算是有些光泽，但如果没有阳

蛹

琉璃蛺蝶的卵

青凤蝶
的卵

有生命的宝石

爱上樟脑丸的胖虫虫

青凤蝶 发现日记

交尾
一龄幼虫

自在。但话说回来，林子大了，什么鸟儿都有，蝴蝶家族里也有那么几个不按套路出牌的，比如青凤蝶。

说起来你可能不信，青凤蝶家族，在蝴蝶界里原本算不上什么大家族，可这些年，它们在城市里的数量却噌噌往上涨，这背后的"大功臣"，还得是咱们人类！说到香樟树，南方的朋友们肯定不陌生吧！那树啊，枝叶茂密，树冠大得跟伞似的，树荫浓得跟墨一样。它四季常青，还能抗烟尘、吸有害气体。最关键的是，它全身散发着清冽香气，具有驱虫效果。因此，香樟树就成了城市绿化的香饽饽。可谁想到

你知道吗？在动物界里，那些小家伙们可是机灵得很，一直都奉行着"敌进我退"的生存大计，跟咱们人类总是保持着那么点儿神秘距离。蝴蝶家族也不例外，大多都喜欢躲进远离城市的荒野山地里逍遥

呢,青凤蝶却偏偏喜欢上了这清凉又带点辛辣的,把其他虫子赶得远远的传统樟脑丸味儿。于是乎,它们就顺着食物链,从山野搬到了大城市,还很快就适应了新环境,落地生根了。这下可好,青凤蝶家族的"人口"那是直线飙升啊!

你知道吗?公园里的花圃简直就是青凤蝶的免费自助大餐!在阳光明媚的日子里,人们经常能看到它们抱着花儿,翅膀扑棱扑棱地快速抖动,兴奋得跟什么似的。那暗褐色的翅膀上配着一组青色斑纹,看起来朴素又不失侠骨风范,三角形的翅膀就像一艘兜足了风的帆船。别看它这一秒还在眼前的花上,下一秒没准"嗖"的一下就飞出去五六米远。在蝴蝶家族里,能跟它比速度的还真没几个!

青凤蝶雄蝶是个求爱高手,它们后翅内缘褶里藏着秘密武器——一种挥发性信息素。这可是它们为了吸引伴侣特意准备的秘制"香水"。找到雌蝶后,雄蝶就死皮赖脸地堵在雌蝶的飞行路线上,在空中缠缠绵绵地飞行,通过翅膀基部的发香鳞来吸引雌蝶。

跟住在山野里的远房表

科普小贴士

青凤蝶

科:凤蝶科

属:青凤蝶属

寄主:樟、檫木等

亲比起来,青凤蝶在城里那可是过得滋润得很,从来不需要为吃喝发愁,满大街都是它们的美食。虽然香樟树到处都是,但青凤蝶对产卵的地方还是挺挑剔的,它们只把卵产在枝条新发的嫩叶上。那些卵圆润又有光泽,就像一粒粒淡绿色的小珍珠。幼虫们吃完嫩叶再吃老叶,很快就长成了肉嘟嘟的小胖墩。

不过,生活不会总一帆风顺,这移动缓慢又富含蛋白质的大肉虫子,可是自然界里的珍稀营养品。于是,不少食客都闻着味儿来了。残暴的胡蜂就是它们头号大敌,在胡蜂的毒刺、利齿面前,青凤蝶幼虫完全没有还手之力。还有那狡猾的寄生蜂,也看中了幼虫丰满的身材,"噗呲"一下,一针扎进去,强行把自己的后代塞给青凤蝶幼虫抚养。从此,可怜的青凤蝶幼虫就变成了寄生蜂后代的"活汉堡包",过上了生不如死的日子,真是太惨了!

成虫

青凤蝶是我国南方广泛分布的常见蝶种,因为其幼虫对樟科植物情有独钟,所以也被人们亲切地称为"樟青凤蝶"。它们一年可繁殖多代,全年都可见成蝶翩跹起舞。它们出没在海拔0米至2000米地区的常绿阔叶林、常绿或落叶阔叶混生林,以及都市林中。青凤蝶飞行时快速有力,方向飘忽不定,很少会长时间停留在同一个地方。它们喜欢访问花朵,雄蝶吸水习性显著,还特别喜欢攀登高峰。而雌蝶呢,则更喜欢把卵产在荫凉处的新芽或嫩叶上。

青凤蝶的幼虫也很有趣。一龄幼虫为黑色,但随着龄期的增长,它们的体色会逐渐变绿。在林缘地带生长的寄主植物上,更容易发现它们的幼体。刚孵化的幼虫会把卵壳吃得干干净净,化蛹时通常会选择在成熟叶片上,但偶尔也会爬离寄主植物。到了冬季,它们就会以蛹的形态休眠,安然度过寒冷的冬天。

值得一提的是,青凤蝶学名中的"*sarpedon*"源自古希腊语,原义为希腊神话中的英勇战士萨尔珀冬。萨尔珀冬是宙斯之子,这一传说为青凤蝶增添了一抹神秘而浪漫的色彩。因此,青凤蝶不仅是大自然的精灵,更是文化和神话的传承者,让人们对它充满了敬畏和好奇,也让我们更加珍视和保护这些美丽的生物。

曲纹黛眼蝶的卵

竹林邂逅生命宝石

曲纹黛眼蝶 发现日记

一龄幼虫啃卵壳

老熟幼虫

"黛",原本指的是一种青黑色的颜料,它曾是古代女子描绘眉毛的秘密"武器"。正因如此,"黛"字常常成为女子眉毛的代名词,比如"黛眉",那是形容女子眉毛婉约之美的专有名词,充满了诗意与雅致。而当"黛"字用来描绘山水草木时,又别有一番风味。如"青山远黛,近水含烟"。这不仅仅是对远山幽静之色的生动写照,更仿佛让人置身于一个神秘而又幽静的仙境之中。那里,轻烟袅袅,山色朦胧,柔美得如同梦幻中的画卷。

而在这梦幻般的自然世界里,生活着蝴蝶家族中一支既美丽又神秘的族群——曲纹黛眼蝶。初次听闻这个名字,我就被它那淡雅而又充满诗意的韵味所吸引。朋友告诉我,这种蝴蝶大多栖息在幽静的山野竹林之中,仿佛与世隔绝的仙子,让人心生向往。那一刻,我对它们的渴望如同干涸之地对清泉的期盼,只盼能亲眼看见它们的芳容。

时光荏苒,岁月如梭,我与曲纹黛眼蝶的家族仿佛结下了不解之缘。每年的11月初,我都会带着一颗探险的心,踏上前往南京东郊竹林的旅程。竹林深处,是我与它们共同的秘密基地。我会在竹林间穿梭,仰望高处,仔细寻找翩翩蝶影。每次,我都会静静地坐在一块大石上,

走进蝴蝶的秘密宝石基地

蛹

闭上眼睛，聆听竹林间的风声、鸟鸣，以及那似乎能穿透心灵的蝶舞之音。又是一年深秋，我打算在这个周末去看看这些熟悉的老朋友。没想到此次旅程，它们竟送给我一个意外的礼物。

东郊的竹林依旧绿意盎然。岁月悠悠，却似乎遗忘了在这片翠海中刻下痕迹。那块如桌面般大小的青石，依旧坚守在老地方，或许它已经在这里度过了千百万年的悠悠时光，见证着沧海桑田。

正午，阳光穿过密集的竹叶缝隙，慷慨地将温暖洒向青石，这里，悄然成为深秋时节曲纹黛眼蝶家族最爱欢聚的热闹舞台。它们的翅膀，

> **科普小贴士**
>
> **曲纹黛眼蝶**
>
> **科**：蛱蝶科
> **属**：黛眼蝶属
> **寄主**：绿竹等禾本科植物

简直是大自然这位大师最细腻的笔触下诞生的艺术品，底色是一抹难以捉摸的棕黑，其上点缀着仿佛水墨晕染的眼状斑纹，深邃而又神秘，就像是夜空中最耀眼的星辰，静静地讲述着古老而悠长的传说。相隔五六米，手中的相机虽已不复初见时的那份悸动，却依然忠实地记录着它们翩翩起舞的绝美瞬间。

或许它们早已对我卸下了心防，一只雌蝶

雌蝶

雄蝶

117

有生命的宝石

悠然降落在离我两米开外的一丛嫩绿竹叶上，纤细的枝条在它的重量下轻轻弯垂。它紧紧抓着叶子，腹部缓缓弯曲，那一刻，整个世界仿佛都静止了。紧接着，它又振翅高飞，绕着我轻盈地旋转一圈，仿佛在传递着某种无声的信息：是在诉说着欢迎，还是在分享喜悦？

低头一看，竹叶之下，一枚蝶卵静静地躺在那里，晶莹剔透，沐浴在温暖的阳光下，闪烁着宝石般的光芒。它仿佛是自然赠予的一份珍贵礼物，静静等待着新生命的到来。

卵

在蝴蝶的奇妙世界中，曲纹黛眼蝶以其独特的雌雄异型特征吸引着无数探索者的目光。雌蝶身着红褐色华服，前翅上绘有一条蜿蜒曲折的白带，宛如林间仙子，优雅而神秘；雄蝶则一身黑褐色装扮，简洁利落，无白带点缀，展现出阳刚之美。这些林间精灵偏爱幽暗的竹林，以树汁、腐果汁液等为食，享受着大自然独有的馈赠。

曾几何时，我沉醉于解开曲纹黛眼蝶产卵的秘密，深信它们会选择高高的毛竹作为生命的起点。那遥不可及的高度，仿佛是对探索者的一种考验。无数次，我伫立于竹林边缘，仰望着竹梢，期待着奇迹的发生，却总是一次次空手而归，只留下无尽的遐想与向往。

然而，雌蝶产卵的秘密终究被我悄然揭开——它们偏爱将生命的种子安置在阴暗处寄主的叶片之下。卵体洁白无瑕，静静地等待着新生命的到来。幼虫自二龄起，头部便长出一对锐利的突起，随着岁月的流转，背侧渐渐浮现出黄褐色的斑纹，这些斑纹如同自然的签名，每只幼虫都独一无二。当它们化蛹之时，绿色的或淡褐色的蛹体隐匿于寄主叶片之下，静待蜕变。曲纹黛眼蝶的生命轮回，在一年之中多次上演。它们以幼虫的形态安然度过寒冬，静待春暖花开，再次起舞于竹林之间。

曲纹紫灰蝶的卵

有生命的宝石

铁齿铜牙小不点

曲纹紫灰蝶 发现日记

蛹

灰蝶卵以其精致对称的图案、复杂的纹理结构,在蝴蝶家族里赢得了一席之地。这枚在朋友居住小区意外获得的蝶卵,藏的位置真是绝妙。卷曲的苏铁嫩叶就像梵高笔下的《星月夜》,运用螺旋线巧妙地将你的视线引到画面的正中心。它就是蝴蝶家族里拥有"铁齿铜牙"名号的曲纹紫灰蝶。

灰蝶科蝴蝶大多以豆科、蔷薇科、壳斗科、茜草科和景天科等被子植物为幼虫寄主,曲纹紫灰蝶却不走寻常路,演化出以裸子植物苏铁科为幼虫寄主。它们的故事恐怕要追溯到恐龙称霸地球的时代。

苏铁是地球上现存最古老的种子植物,迄今已有大约3亿年的历史。侏罗纪时期,它们的家族成员遍及全球,与恐龙一同见证了地球亿万年的岁月沧桑,因此有"植物活化石"之称。同时,苏铁也是一些植食性恐龙的重要口粮。白垩纪末,随着显花植物种类的增加,鳞翅目家族快速崛起。几乎随处可见的苏铁被盯上了,无数昆虫都想争夺这唾手可得的食物,然而苏铁坚硬的口感和其所含的毒素——苏铁

幼虫啃食苏铁

苷,却劝退了不少潜在的食客。历经亿万年无数动物的不断试吃,坚硬如铁的"植物活化石"再也没想到,自己最终却被只有指甲盖大小的曲纹紫灰蝶成功拿下。遥想当年,无数小蝴蝶围着苏铁翩翩起舞,累了就停歇在恐龙的脑袋上晒太阳,那时候的曲纹紫灰蝶一定是幸福的。

不过,在晚白垩纪时期,一次小行星撞击导致了冰川时代的来临。北方寒流南侵,让习惯于亚热带气候的苏铁科植物大量灭绝。仅存的种群挤在我国四川、云南等地,在青藏高原、秦岭等天然屏障的保护下幸免于难。现存的苏铁类植物就是由众多祖先类群遗留下的少数后裔演化而来的。因此,苏铁这类孑遗植物被国际学界誉为"植物界的大熊猫",成为国家一级保护野生植物。曲

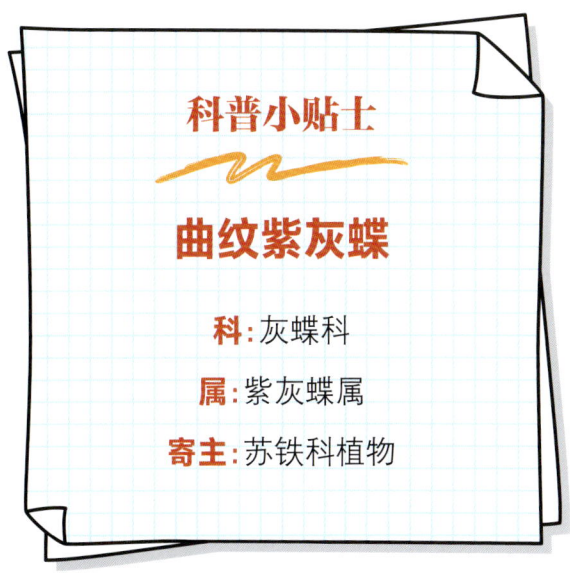

科普小贴士

曲纹紫灰蝶

科:灰蝶科

属:紫灰蝶属

寄主:苏铁科植物

成虫

头部细节

有生命的宝石

纹紫灰蝶可不管你是不是国宝，它会将卵产于苏铁的嫩芽上。幼虫孵化后潜入卷曲的羽叶内啃食嫩叶，同时从腹部背腺中分泌出蜜露，招引大量蚂蚁作为保镖。当然，这是灰蝶科家族的拿手绝活。在我国南方地区，曲纹紫灰蝶一年甚至能繁殖8—10代。严重时，苏铁被啃得只剩下残缺不全的叶轴，影响了苏铁的生长和观赏价值。这也让它成功把自己啃进了园林有害生物名录，成为重点防治对象。

曲纹紫灰蝶在我国发现的历史并不算长，自1997年在广东深圳首次被检疫出后，在其他一些南方省份也陆续有记录。随着商业化运输的快速发展，苏铁进入了一些北方城市，曲纹紫灰蝶的种群也不断尝试突破生存边界，逐渐在我国东南、中南地区成功越冬，安家落户。走在街上，如果你看到一群小蝴蝶围着苏铁不肯离去，没错，那一定就是它。

老熟幼虫与蚂蚁互动

曲纹紫灰蝶是一种以苏铁为主要寄主植物的鳞翅目紫灰蝶属昆虫，原来主要分布于东南亚和中国台湾地区。成虫体长通常为10毫米至12毫米，翅展通常为20毫米至35毫米，翅面呈紫蓝色。雄蝶翅膀正面除了边缘的黑线，鳞片基本都带有蓝紫色的金属光泽，而雌蝶基本为黑灰色。卵散产于苏铁嫩芽上、新叶上甚至是植株叶基部的绒毛中。

别看它们个头只有指甲盖大小，与很多灰蝶一样，曲纹紫灰蝶也会借助高超的伪装技能来进行自保。当曲纹紫灰蝶停留时，它会调整自己的姿势，尽量让头部朝下，后翅向上翘起。翅背臀角处的一对黑色眼斑如同眼睛，周边围绕着显眼的橙黄色，让"眼睛"更加引人注目。一对细长尾突随着风微微摇晃，模仿头顶触角的动作。它们时不时就会来回搓动后翅，误导一些小型捕食者扑向身后的"假头"，而曲纹紫灰蝶就能以损失一小块翅膀为代价保住性命，这不失为一种"壮士断臂"的智慧。

密纹矍眼蝶的卵

有生命的宝石

幽暗林中有"眼神"

密纹矍眼蝶 发现日记

幼虫

蝶卵的造型各有不同,包括圆球形、馒头形、扁圆形、梨形和纺锤形等,每种都具有雕刻状纹饰。其中,我偏爱眼蝶的卵,尤其是那份水润的通透感。比如眼前的这枚藏在求米草花穗上的密纹矍眼蝶的卵,看似球形的毫米级卵粒上分布着数百个规则的切面,看起来就像是一枚没有打磨完的玲珑翠珠,不过更像是高超匠人故意为之的独特作品。若不借助一些摄影手段,恐怕再好的眼神也欣赏不得。

在蝴蝶大家族里,眼蝶一直是不爱出风头的一支另类,它们似乎不太喜欢阳光下暴露自己的行踪,更偏爱在幽暗的林中舞蹈,密纹矍

交尾

眼蝶也很好地继承了这个特点。

在现代汉语中,"矍"字的使用频率较低,很多人可能并不熟悉这个字。在古汉语中,"矍"字有"惊视""惊视的样子"等含义。密纹矍眼蝶的翅膀上布满密密的细波纹,其中四个大大的眼斑尤为显眼,外有黄色的"眼圈",内有黑黑的"眼珠",中间还闪着微蓝的"瞳光",酷似炯炯有神的大眼睛,这正是它名字的由来。眼斑通常用于吓唬或迷惑捕食者,从而避开要害,获得逃生的机会。

记得是某年的10月初,在南郊一处公园竹林边,益母草开得正旺,香甜的花蜜引来了柑橘凤蝶、蓝凤蝶、青豹蛱蝶等一众漂亮的"粉丝",它们上下翻飞的曼妙舞姿让不少赏秋的游客过足了眼瘾,不过我的眼神始终被一只指甲盖大小的密纹矍眼蝶给牵引着,换做平时,我的目光绝不会在它身上停留超过三秒,因为它们真的是太寻常了。然而,眼前的这位,我从它的飞行姿态上看出了一些不寻常:首先,它飞得很吃力,就像咱们扛着三十斤的米口袋跑步;其次,它始终穿行在暗处的芒草丛里,从一片叶子落在另一片叶子上,走走停停,就像蜻蜓点水,又

蛹

好像在焦急地寻找什么。

当然,这些举动在蝴蝶的动态行为中是很典型的,即寻找寄主植物产卵。它的寄主植物是一路上随处可见的禾本科和莎草科植物。不过,眼前的这个小家伙似乎还很挑剔,看样子一定要选到自己最满意的。

接下来比的就是耐心,而这正是我的强项。隔着两三米的距离,我不紧不慢地跟着。果然,没几分钟,它找到了心仪的位置——藏在茂密草丛里的一小丛求米草。这些低矮的禾本科植物几乎贴着地面生长,尤其喜欢生长在阴湿的林子里和路边。不过,这样的环境恰好也对上了密纹矍眼蝶的口味。

小家伙趴在皱褶的叶子边缘,细长的尾部

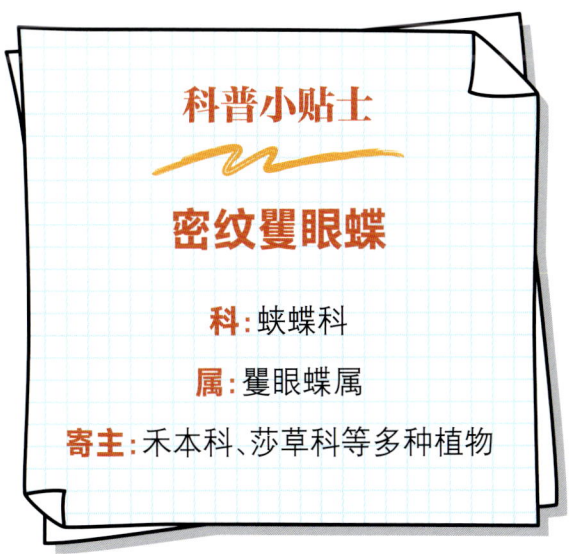

科普小贴士

密纹矍眼蝶

科:蛱蝶科

属:矍眼蝶属

寄主:禾本科、莎草科等多种植物

有 生 命 的 宝 石

成虫

弯曲了约270度，缓缓贴到了叶子背面。虽然我很好奇叶片下发生了什么，但我知道这一关键时刻要稳住，不能打扰。整个产卵过程大约也就4到5秒，要不是我一路跟着，想观察到这样隐秘的行为无异于大海捞针。

不过，惊喜还在后头，或许小蝴蝶觉得我一路护送不易，特意在顶部的小穗上给我单独留下了一枚。

揣着这枚来之不易的宝贝，回去的路上又看到益母草上的那群大花蝴蝶，顿时觉得顺眼了许多。

密纹矍眼蝶是一种比较常见的小型蝴蝶，尤其喜爱在林缘附近的林荫下活动。它的名字与外形密切相关，"密纹"二字来源于翅腹面密布的褐色细波纹，而"矍眼"则来自前翅顶角处的大眼斑，以及后翅反面的3个亚缘眼斑。这些酷似眼睛的眼斑，主要用于迷惑天敌，达到保护自己的目的。

密纹矍眼蝶幼虫以多种禾本科和莎草科植物为寄主。白天，幼虫大多数时间都静伏在叶片背面，以减少被天敌发现的风险。当受到惊扰时，幼虫会蜷缩身体，落入草丛，借助体色和杂草的掩护，避免被天敌捕杀。自5月起，成虫便开始在林中活跃，直至10月。11月后，它们以蛹的形态越冬。成虫的飞行姿态很有特点，呈跳跃式，飞行轨迹呈波浪状。虽然它们不太喜爱阳光，但也会时常停栖在植物的叶面上，展开翅膀吸收热量。

玉带凤蝶的卵

有生命的宝石

别吃，我是"鸟粪"

玉带凤蝶 发现日记

雄蝶

我有一个小院，大约七八平方米，里面被各种植物挤得满满当当。这些植物大多是为昆虫准备的食材，因此显得高矮参差，缺乏规划和观赏性。几年下来，小院里杂草当道、藤蔓绕枝、枯叶满地，充满了原生态的气息。或许正是植物的多样性，吸引了蚂蚱、蝉、蚂蚁光临，甚至连一些通常在山里才能看到的蜗牛和甲虫都住了进来，颇有几分城市"桃花源"的味道。在小院的西北角，有两棵栽在花盆里的柑橘树，几年来一直没挪过地方。平时，我只是顺带着浇点水，任由它们枝繁叶茂，花盆也一直没换，现在看起来有点头重脚轻。每年秋季，它们总会结出三两个青绿色的果子，虽然苦涩难以下咽，但在这小院的植物中，它们还算有点看相。

同样对这两棵柑橘树感兴趣的，还有一个家伙——玉带凤蝶。

玉带凤蝶是华东地区常见的大中型蝴蝶。在江苏、浙江一带的传统戏曲剧目中，玉带凤蝶被比拟为"梁山伯与祝英台"。相传那对从坟墓中翩翩飞出的蝴蝶就是玉带凤蝶，雄蝶后翅的碎条状白带便是梁山伯的玉佩腰带所化，雌蝶后翅的红斑则是祝英台的红裙所化。由此，玉带凤蝶便成了忠贞不渝爱情的象征。当然，这仅仅是个美丽的爱情传说。

玉带凤蝶名字中的"玉带"一词，

走进蝴蝶的秘密宝石基地

低龄幼虫

老熟幼虫与低龄幼虫

源于其雄蝶翅膀有一列白斑。这些白斑横贯全翅,宛如一条玉带。在古代,官员的腰带上镶嵌着大小不一的方形白玉,被称为"玉带环腰",寓示着事业成功、财运亨通。这与玉带凤蝶的外观颇有几分相似之处,于是,坊间也有了"如遇玉带凤蝶则为高升的吉祥兆头"这一说法。

每隔几天,我都能在小院柑橘树的嫩芽上看到几粒亮晶晶的橙黄色小球。迎着光凑近细看,它们就像一轮轮燃烧的小太阳,新的生命正在时光的孕育中等待绽放。然而,大自然哪有什么岁月静好,嗅觉极其灵敏的寄生蜂总是第一时间循着气味而来,它们靠触角上的嗅觉器,很快发现周围空气中散发出的不寻常的挥发性化学物质,并准确定位,一路摸了过来。趁着玉带凤蝶的卵壳还没完全干透,寄生蜂用坚硬的尾针刺破卵壳,将自己的卵产了进去。这富含蛋白质的卵黄是大自然里难得的珍贵食材,也是寄生

雨中的老熟幼虫

科普小贴士

玉带凤蝶

科:凤蝶科

属:凤蝶属

寄主:芸香科多种植物,如柑橘、柚、竹叶花椒等

蜂幼虫成长路上的唯一口粮。

可别小看这些膜翅目寄生昆虫,它们就像幽灵一般,往来于无形之中,千百万年来一直是

雌蝶

蝴蝶家族的头号天敌。它们在自然界里疯狂寻找鳞翅目昆虫的后代——卵、幼虫、蛹。在它们眼中，这些都是自家孩子的营养大餐。它们的产卵管甚至进化出了氨基酸感受器，借此探测宿主体内的变化，从而判断是否已被寄生，进而决定是否更换寄生对象。这就像"躲猫猫"游戏，绝大部分鳞翅目家族成员都将在这场游戏中输掉性命。我家小院柑橘树上的卵粒同样面临这样的困境。即使个别幸运的卵粒躲过了寄生蜂的魔爪，但成长路上还有更加可怕的猎手每天都在虎视眈眈。

玉带凤蝶幼虫体表有白绿色的花纹，从远处看像一坨粘在叶子上的新鲜鸟粪，毕竟这世界上没有一种鸟会对自己的粪便感兴趣，这也是玉带凤蝶天生具备的伪装术，没错，对鸟类的确很有效。然而，另一个家伙可不吃这一套。

冷血的胡蜂家族每天上下午都准时派出巡逻小队来到院子，虽然我不知道它们的蜂巢究竟在哪里，但我的小院应该已经被它们划入了势力范围，所有的猎物都归它们所有。我曾经不止一次看到这些身穿条纹衫的狠角色把院子里的绿蚂蚱咬烂嚼碎，搓成"肉丸子"打包带走。同样，柑橘树上的"鸟粪"大多也难逃此劫。虽然玉带凤蝶妈妈来得很勤快，但最终能顺利长大羽化的幼虫，真可谓是百里挑一的幸运儿。

玉带凤蝶广泛分布于亚热带地区，翅展77毫米至95毫米，雌雄异型，一年可繁殖多代，以蛹的形态越冬。

雄蝶翅膀呈黑色，有尾突，前翅外缘有一列向顶角由大至小排列的白斑，后翅中部有一列规则的横白斑。雌蝶有多种形态类型，后翅斑纹大多与雄蝶相似，但臀区有橙红色的月形斑纹，这是模拟有毒的红珠凤蝶，通过拟态起到警示和吓唬天敌的作用，属于典型的贝氏拟态。

玉带凤蝶也是城市里常见的凤蝶种类之一。只要在房前屋后摆上一盆柑橘树，运气好的话，大约也就几天时间，闻到柑橘树气味的雌蝶便会翩然而至。

卵上的精斑

中华虎凤蝶的卵

有生命的宝石

惊蛰日，林中寻飞"虎"

中华虎凤蝶 发现日记

　　惊蛰日，在距离南京主城约40千米的一片竹林深处，阳光艰难地从茂密的竹林缝隙中洒向地面。这是一片人迹罕至的山坳，无路可寻。

　　"咔咔"的脚步声打破了竹林的寂静，脚下厚厚的枯叶仿佛在提醒林中的生物：有陌生人靠近。这一天，我去山里去看望老朋友，它们稀少而神秘，披着一身虎纹的外衣，一代代在这里悄悄繁衍生息，它就是国家二级保护野生动物——中华虎凤蝶。

　　惊蛰是二十四节气中的第三个节气，民间有言："二月节……万物出乎震，震为雷，故曰惊蛰。"雷声惊醒了沉睡的万物，蛰虫惊而出穴。中华虎凤蝶便在这春寒料峭的日子破蛹而出，因此得名"惊蛰蝶"。

　　山麓西北有一处山涧，宽不过3米。山涧两侧的陡坡上长满了各种植物，茂密的大树遮天蔽日，温度也随之降低了不少。山里寒意浓浓，满地枯枝腐叶，小刺的荆棘、倒伏的枯树，一切都保持着原生的状态。

　　沿着山涧一路向上，湿滑的青苔覆盖在山

交尾

产卵

一龄幼虫群居

老熟幼虫

蛹

涧中杂乱的巨石上，大量枯倒的树木横在路上，仿佛都在阻挡着进山人的脚步。翻过一座不高的山冈，眼前豁然开朗。林子在这里留出一处篮球场大小的空地。阳光变得慷慨了许多，温度也高了几分。这里是我的秘密基地，也是中华虎凤蝶赖以生存的家园。

放下背包，拨开地面厚厚的枯叶，落叶的缝隙里，几株豆芽一样的嫩茎正使劲向着阳光的方向伸展，心形的叶片透着春的活力，它是中华虎凤蝶幼虫赖以生存的食物——杜衡。因叶片形状酷似马蹄形，又散发着淡淡的香气，民间称之为"马蹄香"。

"心有静气，蝶自来"，这是我这些年总结的一点心得。想找它们，莫着急，安心坐好，静待即可。树林的边缘，早开的野花已迫不及待地展示自己最美的身姿。粉色的延胡索、黄色的蒲公英、紫色的堇菜……一朵朵摇曳在寒风中，等着给早起的虫儿一点甜头，中华虎凤蝶也是其中一位重要的食客。

哈哈，一杯热茶刚喝了一半，那熟悉的身影就从远处的林中飘然而至。黄黑相间的翅膀飘飘然地徜徉于花丛之中，一会儿钻进低处的花丛，独自享受初春的甜蜜，一会儿又展翅飞到更远处。也只有在每年初春这短暂的日子里，才能有幸一睹中华虎凤蝶林间自由滑翔的美景。而待到万物复苏之际，它却已默默地退出了大自然缤纷的舞台。

大自然中，每一只飞翔的蝴蝶都是百里挑

有生命的宝石

科普小贴士

中华虎凤蝶

科：凤蝶科

属：虎凤蝶属

寄主：杜衡等

中华虎凤蝶是春天较早出现的蝴蝶种类之一。它们因黄黑相间的翅膀颜色酷似老虎皮毛而得名。2021年，中华虎凤蝶被列入《国家重点保护野生动物名录》，成为国家二级保护野生动物。作为完全变态类昆虫，中华虎凤蝶一年仅繁殖一代，一生要经历卵、幼虫、蛹、成虫四个阶段。成虫喜欢生活在光线较强且湿度适中的林缘地带，飞翔能力不强，通常只在特定的狭小地域内活动。它们属于狭食性动物，经常寻访的蜜源植物主要有蒲公英、紫花地丁等。

每年3月，中华虎凤蝶雌蝶会将卵产在杜衡叶片的背面。卵呈圆形，如一枚枚翠绿的珍珠。每只雌蝶一生可产卵约120枚。孵化后的幼虫们以杜衡的叶片为食。

一的幸运儿。每百枚蝴蝶卵中，最终能羽化成蝶的只有寥寥几枚。栖息地的萎缩，食物的减少，人类的捕捉，使它们的生存变得日益艰难。而这种被昆虫专家誉为"国宝"的中国独有野生蝶，如今只能无奈地隐退山林，或许这是它们族群活下去的唯一的选择。

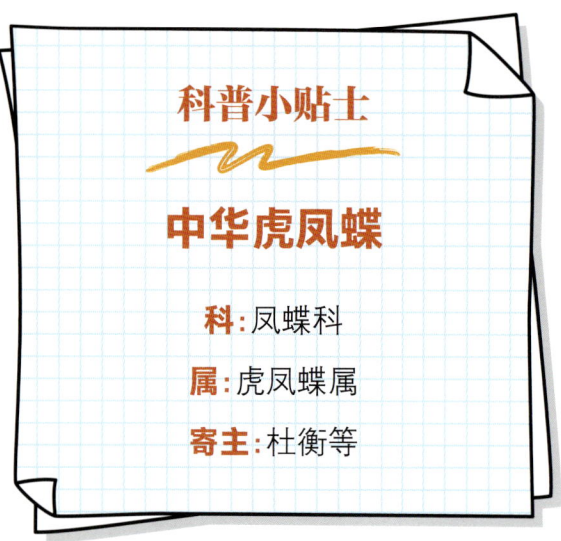

杜衡叶片背后的卵

幼虫在小的时候有聚群活动的习惯，它们会一起吃食，一起睡觉，长大后则逐渐分开生活。

当幼虫受到惊扰时，其额部会伸出一对橙黄色的"Y"形"臭角"，散发出刺鼻气味，以此驱赶捕食者。

每年4月底至5月初，是中华虎凤蝶老熟幼虫即将化蛹的时期。化蛹前，它们的食量会突然增大，几乎是一刻不停地啃食杜衡叶片。5月上旬开始，它们陆续化蛹。待到第二年春暖花开时，它们便会破蛹而出，羽化成蝶。

酢浆灰蝶的卵

有生命的宝石

小蝴蝶爱吃"醋"

酢浆灰蝶 发现日记

或许它心里明镜似的，知道自己的颜值在蝴蝶家族里实在排不上号，于是干脆选择了低调。烟灰色的外衣，指甲盖大小的身板，让它能轻而易举地混入喧嚣的尘世中。但低调可不等于放弃，它们默默耕耘，在地盘和数量上已经成功跻身蝴蝶家族的前列了。跟那些对口味和住所都挑剔得不行的蝴蝶比起来，酢浆灰蝶就显得随和多了，它们选择了常见的一种植物——黄花酢浆草作自己的口粮。

酢浆草开着小黄花，叶子为心形。《本草纲目》里记载："此小草三叶酸也，其味如醋……"在"酢浆草"这个词里，"酢"读作 cù，"酢浆"

卵

走进蝴蝶的秘密宝石基地

交尾

产卵

低龄幼虫

蛹

指的就是古时一种带酸味的饮料。

黄花酢浆草简直无处不在，房前屋后、荒野山林，只要能落脚的地方，就有它们的身影。酢浆草的茎叶里含着草酸，浑身上下透着一股酸溜溜的味道，所以也不太招蝴蝶待见。酢浆灰蝶奉行着"人弃我取，人取我与"的原则，循着这股酸味，开启了"跟着植物旅行"的漫长旅程。千万年来，它们家族的足迹遍布大江南北。

对于居住环境，这小蝴蝶也是真的不挑剔，本着"既来之则安之"的态度，混迹于城市的各

科普小贴士

酢浆灰蝶

科：灰蝶科

属：酢浆灰蝶属

寄主：酢浆草

成虫

低龄幼虫啃食叶片

个角落,包括公园的草坪,甚至是车水马龙的绿化带。

不过,如果你有机会凑近了细看,没准儿也能觉得它身上有股"贼里贼气"的味道,就像是刚刚干了坏事的小狗,眼神飘飘忽忽的。而且不管你移到哪个位置,它的"眼珠"总会死盯着你。

这其实是伪瞳孔在作怪。伪瞳孔是一种光学现象,即在正常照明下,当观察者注视昆虫复眼时,复眼上面会呈现一个或几个明显的暗点。这些暗点会随着观察角度的变化而变化。伪瞳孔可以帮助昆虫更好地感知光线的方向和强度,从而提高它们的视觉敏感度。

我家小院的栀子花下就常年长着一片黄花酢浆草,从来不用打理,从原来的十几株,发展到如今面积有半个桌面那么大了。前几年,几只酢浆灰蝶也不知道怎么就找到了这里,从那以后,每年都能看到它们在小院里嬉戏打闹。闲来无事的时候,我也喜欢去翻翻叶子,总能找到几枚蝶卵。那卵是扁圆形的,肉眼看上去就像一粒沙子那么小,在微距镜头下,才能看出它精致的纹理和完美的对称,简直就是大自然精雕细琢的艺术品。别说,还有点像咱们国家体育场"鸟巢"的样子呢!

幼虫从卵里爬出来后,就趴在叶片背面,像一粒小绿豆。虽然体色给它提供了一定的伪装,但大部分幼虫还是难逃成为蜘蛛、蜂、蚂蚁等节肢动物口粮的命运。我不止一次看到胡蜂抱着一个倒霉蛋啃得不亦乐乎,也想过"路见不平,拔刀相助",后来转念一想,这不就是大自然的法则嘛,生生不息,循环往复。

酢浆灰蝶翅展大约22毫米至30毫米。雄蝶翅膀的背面闪着淡蓝色金属光泽，雌蝶翅膀的背面则为黑色，但在低温环境下，翅基部至中域会显现蓝色金属光泽。至于翅腹面，高温型个体为白色，点缀着许多小黑点；低温型个体则为淡黄褐色，具有许多围有淡色环纹的黑色或褐色小点。

酢浆灰蝶成虫飞行高度较低，在我国南方地区阳光充足的草地上，人们经常可以见到它。酢浆灰蝶耐寒能力较强，初冬晚间气温低于10摄氏度时，酢浆灰蝶身上会凝结露珠，在阳光下就像穿着一件闪闪发光的衣衫。

交尾

红珠凤蝶的卵

有生命的宝石

有毒的蝴蝶

红珠凤蝶 发现日记

这是一枚粘在马兜铃叶片背面的迷你版"寿桃",暗红色的球状表面呈纵列颗粒状隆起,布满无规则的脉纹。这是雌蝶在产卵时,其副腺留下的分泌物。别说,这颜色让我想到糖葫芦外面裹着的那层蜜汁冰糖。不过,这样草率赶工的卵粒,严重拉低了蝴蝶家族的整体颜值。再细品,卵粒还透着些诡异。没错,里边有一只模样怪异的小毒物正在快速进化中,它就是吃有毒植物马兜铃长大的蝴蝶——红珠凤蝶。

记得十多年前,马兜铃是田间地头常见的野草,尤其是它的花果很有特点:花管细长弯曲,管口呈漏斗状,就像一个烟斗。成熟果实因形似挂于马颈下的响铃而得名。不过,它全株都具有肾毒性致癌物质——马兜铃酸。绝大多数食草性动物都对它避而远之,但有些家伙偏要反其道

老熟幼虫

一龄幼虫

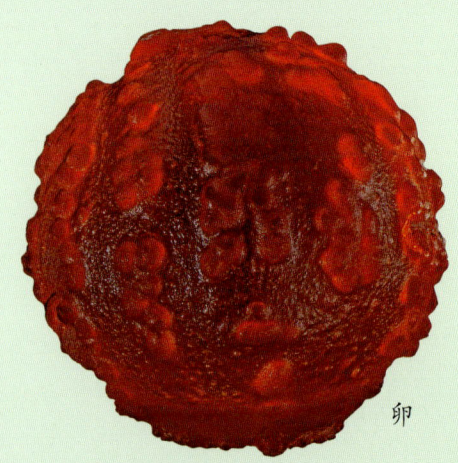

卵

走进蝴蝶的秘密宝石基地

蛹

科普小贴士

红珠凤蝶

科：凤蝶科
属：珠凤蝶属
寄主：马兜铃

而行之，就好这一口有毒的大餐。比如丝带凤蝶、麝凤蝶、金裳凤蝶等等，当然，还有今天的主角——红珠凤蝶。

对脊椎动物而言，马兜铃酸绝对是一味慢性毒药，毒素不仅会破坏肾小管，还可能致癌。不过，蝴蝶幼虫的"肾脏"（马氏管）对马兜铃酸免疫。幼虫不仅能从植物中获取所需的营养，其体内的"解毒工厂"还能提供特殊的酶或抗毒素蛋白等，用来分解或中和马兜铃中的毒素。除此以外，幼虫还会将有毒的物质封存在体内，让那些想对它下手的鸟类、爬行类动物吃点苦头，从而保护自己免遭天敌的毒手。

遗憾的是，近些年野外的马兜铃越发难寻。人类在对自然的开发时，很少会关注到这种野草的存在。以南京地区为例，以马兜铃为生的几种本地蝴蝶种群受到严重影响。幼虫混个温饱已是不易，没想到南方的红珠凤蝶又赶来分了一杯羹，而且还成了常驻居民。

在我国，红珠凤蝶家族原本分布在海南省、广东省、台湾省以及香港地区等中低海拔区。这些年或许由于气候的变化，它们一路向北方推进，扩大了自己的家族领地。

南京地区的蝶友观察发现，七八年前，红珠凤蝶在该地区的种群分布十分局限，仅在南京南部的狭窄区域有稳定的种群，属于偶见。没想到在接下来的几年里，它们一路向北，迅速在城市、山野中扩散开来，种群数量明显增加，在争夺资源的竞争中很快取得压倒性优势，让灰

有生命的宝石

绒麝凤蝶、中华麝凤蝶、丝带凤蝶等这些以马兜铃为食的蝴蝶虽恨得牙痒痒，却也只能看着这个外来者一步步蚕食自己的生存空间。

我总结了一下它们的成功史：首先，它们吃得快、长得快，在人工饲养的环境下，不到一个月即可从卵发育到成虫；其次，幼虫体型小、食量小，尤其在马兜铃植株普遍较小、食材供应不足的情况下依旧能完成繁殖；最重要的是，它们不挑地方，不仅栖息在山野，也不会排斥城市，我经常在闹市区看到它们穿梭在热闹的马路街口。综上所述，它们迅速成为当地的优势蝶种，而且还未止步。

成虫

以南京地区为例，在2020年之前，红珠凤蝶似乎有些害羞，只愿在南部的一隅静静起舞。到了2021年，红珠凤蝶的家族成员突然增多，它们在与那些同样钟情于马兜铃的灰绒麝凤蝶、中华麝凤蝶、丝带凤蝶等"美食家"的竞争中，竟然脱颖而出，成为舞台上的新星。这背后，离不开它们那令人惊叹的繁殖速度。从一颗卵到展翅飞翔的成虫，红珠凤蝶仅仅需要不到一个月的时间！即便是在城市中那些小巧的马兜铃植株上，它们也能迅速繁衍，展现出惊人的生存智慧。

更令人惊奇的是，红珠凤蝶及其幼虫还拥有一套独特的"化学防御系统"。它们用鲜艳的色彩向世界宣告："嘿，我可不好惹，体内藏着马兜铃酸这种秘密武器呢！"一旦摄入这种毒素，它们就像化学家一样，精挑细选地将毒素储存起来，不仅成功"解毒"，还把这些毒素转化成了对抗天敌的超级盾牌。

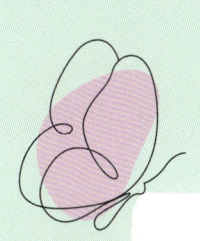
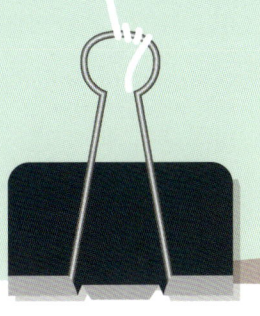

虫卵奇妙屋，
小宝石大生命

绿意盎然叶间藏，微小生命静静躺。

虫卵轻裹光与梦，静待时光唤它长。

细雨绵绵润其旁，微风轻拂送希望。

生命之蛹待破茧，虫卵之中藏辉煌。

微距之下，
生命奇迹再发现

瓢虫的卵

有生命的宝石

嘿，哥们儿，我可不好惹！

瓢虫 发现日记

瓢虫是害虫还是益虫？嘿，这个问题在我儿时的小脑袋瓜里，压根儿就没转过弯来。那时候，语文书和动画片就像两位不厌其烦的老师，天天在我耳边念叨：瓢虫是农民伯伯的得力小助手，专门对付那些可恶的蚜虫。我心想：这不就是天生的好虫子嘛！可谁能想到，多年后，我这"井底之蛙"才算是真正开了眼——原来瓢虫家族庞大得吓人，种类竟然有5000余种！既有吃肉的肉食性瓢虫，也有吃菌的菌食性瓢虫，还有吃草的草食性瓢虫，简直就是个昆虫界

幼虫

异色瓢虫

七星瓢虫捕食蚜虫

蛹

二十八星瓢虫，背上长着二十八颗星星，听起来挺浪漫的，实际上却是个不折不扣的"蔬菜杀手"。

说实在的，瓢虫家族的颜值是真的高，一个个颜色鲜艳，花花绿绿的，看着就让人赏心悦目。小时候，我是个出了名的淘气包，啥虫子都得抓来玩玩，什么蟋蟀打架、蚂蚁游泳、棉线遛蝉，那都是家常便饭。可偏偏瓢虫，这家伙就像是"刺头"一样，根本不进我的圈子。为什么呢？因为它们太会"装死"了！你只要轻轻一碰，它就立马缩进那个滑得像泥鳅一样的壳里，半天都不带动弹的。更气人的是，它们身上还有一股子怪味，闻着就让人头晕。我只好拿个小棍儿，小心翼翼地挑一下它的壳底，看着它六脚朝天，在那儿拼命挣扎，勉强找点乐子。

后来，我渐渐长大了，也学到了不少知识，才知道原来瓢虫那花花绿绿的颜色，其实是它

的"联合国"。而七星瓢虫呢，就像是它们家族的代言人。

说到吃肉，绝大多数瓢虫可都是个中高手，特别是对付蚜虫、蚧壳虫这些害虫，它们简直是手到擒来，吃得那叫一个津津有味。不过，也有一些"叛逆少年"偏偏对植物情有独钟，尤其是茄子、马铃薯这些蔬菜的叶子，成了它们的最爱。这可把菜农伯伯们愁坏了，尤其是那个

有生命的宝石

们的保护色,或者说是"警告牌"。特别是瓢虫属的家伙们,鞘翅上的红色和黑色或者黄色和黑色,对比非常鲜明。幼虫和蛹的体表也是五彩斑斓的,就像是在说:"嘿,哥们儿,我可不是好惹的!"没错,瓢虫体内还真藏着毒液呢。一旦遇到危险,它们就会从胫股关节那儿挤出一点点黄色的血淋巴小滴,这个过程叫"反射性出血"。这黄色的体液里,含有苦味和毒性的生物碱,让那些打算把它当零食的鸟雀们,尝上一口就得苦得直咧嘴,再也不敢打它的主意了。

> **科普小贴士**
>
> **异色瓢虫**
>
> **目**:鞘翅目
> **科**:瓢甲科
> **属**:瓢虫属

其实,瓢虫并不难找,只要哪里有蚜虫扎堆,那里就一定有它

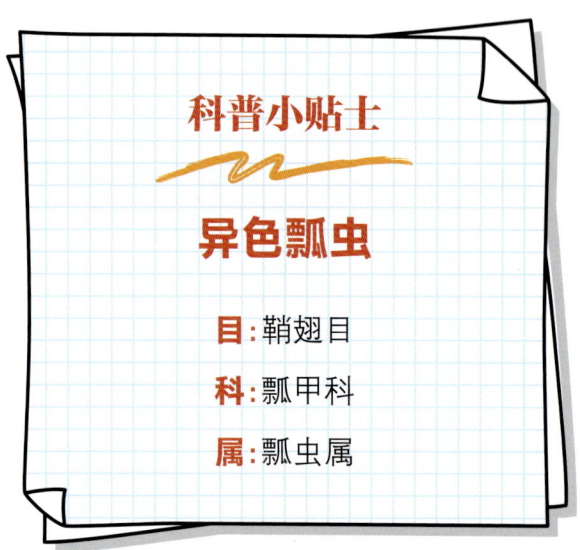

菱斑食植瓢虫

们的身影。而且,如果你足够细心的话,说不定还能发现它们的卵呢!那些淡黄色的卵,一粒挨着一粒,整整齐齐地排列在那儿,等着你去发现它们的秘密。每次看到这些,我都会想起小时候那些关于瓢虫的趣事,心里就暖洋洋的。

异色瓢虫简直就是瓢虫界的明星,属于昆虫界的"大腕儿",是鞘翅目瓢甲科的一种。

说到它的"衣服",那可真是花样百出,100余种不同的斑点、条纹组合,简直就像是在玩"变装秀"!

在自然界里,异色瓢虫是蚜虫的天敌,专门对付那些坏家伙,比如棉蚜、烟蚜、桃大尾蚜等等,胃口好得不得了!异色瓢虫的幼虫和成虫都是"吃货",一天能消灭100余只蚜虫。异色瓢虫是一种在农业和林业中具有重要意义的捕食性天敌昆虫,合理利用可以有效控制虫害。

冬天,它们开始组队,找个暖和的地方冬眠,比如山洞、石缝、屋檐下。到了第二年3月,天气回暖,它们再出来找蚜虫吃。

端黑螢
的卵

有生命的宝石

优雅的蜗牛杀手

端黑萤 发现日记

大约 4.4 亿年前的奥陶纪或许更早，当地球的陆地生态系统刚刚形成，海洋里的动物开始了第一波登陆浪潮，昆虫的祖先也挤在队伍中，希望能争得一席之地。数亿年的残酷演化，各种动物都拼尽全力以求生存。有的侥幸活了下来，更多的则消失在前行的路上。

鞘翅目大概不会想到，自己的族群能如此幸运。如今，这个家族枝繁叶茂，有 30 余万种，占到昆虫纲种类的 40% 以上，而其中一支会发光的族群，更是集万千宠爱于一身，它就是我们俗称的"萤火虫"。遥想十多年前，我无意中闯进了紫金山南麓的一条小道。置身于漫天萤光的那一刻，我彻底沦陷了，从此近似疯狂地迷恋上那黑暗中的迷离萤光，一发而不可收拾。

每年 6 月中下旬起，紫金山的夜晚便开始热闹起来，这样的热度足足要持续一个多月。不过，作为萤火虫的一名狂热"粉丝"，每年的 3 月前后，我便一头扎进漆黑的大山里，寻找草丛里那星星点点、难以发觉的微光。它们大多是端黑萤的幼虫，是一群无肉不欢的捕食者。黑色的体表仿佛披着一身坚硬的黑色铠

蛹

幼虫　　　　　　　　　　　上岸做泥巢

交尾

交尾

甲，布满细小的棘刺，尾部的闪光器持续闪着黄绿色的微光。这是一种警告，让那些心怀不轨的捕食者心存忌惮。虽然3月的晚风中还带着一丝凉意，但此刻，成功越冬的幼虫急需大量食物，为6、7月的繁殖季储备能量。

最佳的食物莫过于滑嫩多汁的蜗牛。端黑萤幼虫视觉不发达，几乎完全依靠敏感的嗅觉追踪蜗牛腹足留下的黏液味道。观察它们觅食是一件难得而又很有趣的事情。幼虫生性凶猛，但捕猎时却带着几分优雅，它们似乎见不得猎物的痛苦与挣扎。当幼虫的步足与尾足牢牢吸附在蜗牛壳上的那一刻，几乎已经宣布猎物的结局。中空的大颚如锋利的鱼钩，开合间便轻松刺破了蜗牛柔嫩的肌肤，一下，两下，三下……举手投足间看似那么温柔，犹如恋人耳边的低声细语，但可怕的麻醉液也随着一次次叮咬注入了蜗牛的体内，直至蜗牛彻底失去知觉，它才不急不慢，用上颚熟练地夹碎蜗牛肉，让具有消化成分的麻醉液与蜗牛肉碎末充分混合，最终得到一份肉糜状的蜗牛肉。此时，它再将美餐拖到安全的地点，慢慢吸食享用。

一只与它体形相仿的蜗牛通常够它吃上2到3天，一丁点也不会浪费。不过，它们的菜单上可不是只有蜗牛，蛞蝓、蚂蚁，甚至是各种昆虫的尸体都是它们不容错过的美味。

在庞大的昆虫家族中，萤火虫是为数不多能让暴力与诗意完美结合的昆虫之一。到了成虫期，端黑萤一改往日的嗜血，化身为集浪漫与诗意于一身的夜色精灵。"银烛秋光冷画屏，轻罗小扇扑流萤。"唐代诗人杜牧仅用寥寥十余字，便描绘出一幅深宫生活的图景，渲染出暗淡幽冷却又带着几分凄美的浪漫氛围。

在自然界，想找到它们的卵简直就像大海捞针。微如针头的白色卵粒被小心地藏在低矮的苔藓的根部。在变成成虫前，它们需要经过卵、幼虫、蛹这三个阶段，这一过程持续近一年的时间。最终，它们将等待加入新一年的萤火狂欢季。

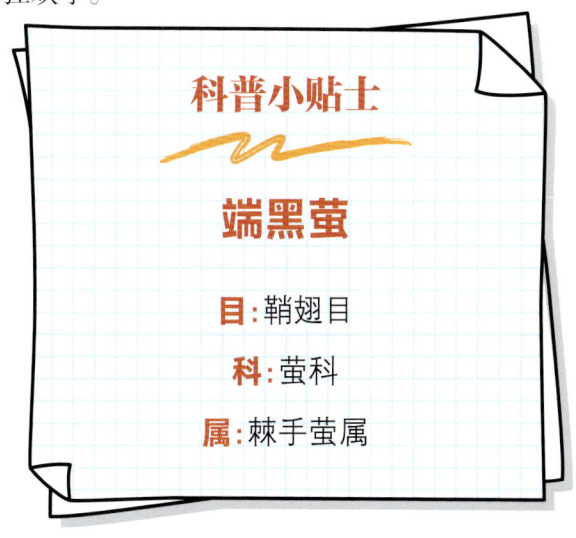

科普小贴士

端黑萤

目：鞘翅目
科：萤科
属：棘手萤属

幼虫捕食蜗牛

被蜘蛛捕食

雄萤成虫体长约7毫米。头部为黑色，无法完全缩进前胸背板。触角为黑色，丝状，共11节。复眼非常发达，几乎占据整个头部。前胸背板为橙黄色，后缘角尖锐。鞘翅主体为橙黄色，末端为黑色，密布细小绒毛。胸部腹面为橙黄色，各足基节及腿节为黄褐色，胫节及跗节为黑褐色。腹节背板为黑色，腹部为淡黄色，腹板两侧有对称黑斑，但不相连。不同地区种群的腹节腹板两侧黑斑变化很大，第5腹节腹板一般为黑色。发光器两节，乳白色。

雌萤成虫体长约10毫米。体色与雄萤相同。第5腹节腹板两侧有对称黑斑，但不相连。发光器一节，乳白色，呈带状，位于第6腹节。

幼虫为陆生，捕食蚂蚁等小型昆虫，也取食死亡昆虫的尸体。幼虫发育经历5龄。成熟幼虫会制作蛹室化蛹。蛹期约7天。每年夏季羽化。成虫盛发期为6月底至7月中旬。雄萤在夜晚飞行时会发光，雌萤和雄萤均能发出固定频率的单脉冲闪光信号。卵期约25天。

有 生 命 的 宝 石

林子里的"高音喇叭"

黑蚱蝉 发现日记

一龄若虫

老熟若虫

"六月六，知了叫不够。"一提到夏天，蝉绝对是记忆里少不了的角色。不管是城里还是乡下，只要哪儿有树，哪儿就是它们的演唱会现场。"知了、知了……"这单调又重复的"背景乐"，就像是在跟我们炫耀它什么都懂。其实，蝉的叫声是从它的肚子两边的鼓膜发出来的。你瞅瞅，那里面几乎就是个空腔，一振动起来，再配上发音膜、发音肌这些"专业设备"，还有背腹室、褶膜、腹瓣这些辅助结构，它就成了林子里的"高音喇叭"。

小时候，我在乡下，村里那些比我们大点的孩子，带着我们这些"小屁孩儿"，光着脚丫子上树掏鸟窝，下河摸鱼。那时候，在我眼里，他们简直就是超级英雄。一到夏天，池塘边的大柳树就成了蝉的乐园，想抓到它们，你得先

科普小贴士

黑蚱蝉

目：半翅目

科：蝉科

属：蚱蝉属

过"毛辣子军团"这一关,能做到的,那绝对是勇士。时间过得飞快,搬进城里后,树是没法爬了,但蝉却成了邻居——它们直接住进了我家小院。

每年 6 月中下旬,小院东北角那几棵香椿树下的泥土地就开始热闹了。那些潜伏了好几年的成熟若虫（俗称"知了猴"）,会趁着夜深人静凿开泥巴大门。要是晚上来场及时雨,嘿,那简直就是抓知了的最佳时机。手电筒随便一晃,就能收获好几个黑不溜秋的大个子——黑蚱蝉。等它们羽化后,一身金色细毛,帅气得很,让人过目难忘。

你知道吗？蝉这家伙可是个"老古董",它们的祖先能追溯到 2.5 亿年前的二叠纪。那时候地球经历了一场大灾难,好多生物都灭绝了,蝉却趁机占领了空白的新地盘,家族越来越壮大。有些古蝉翅膀上还有复杂的图案,就像蛾子一样,这些图案在树林里能起到伪装效果,让捕食者找不到它们。

在中国,蝉可是个有故事的家伙,从新石器时代开始,人们就对它情有独钟。例如,在兴隆洼文化遗址中,就出土了玉蝉制品。此外,在商代到战国的墓葬中,玉蝉也频繁出现。古人觉得蝉能象征重生,所以常将玉蝉作为陪葬品放在死者口中,希望死者在另一个世界能够"复活"。

到了 7 月底,雌蝉开始产卵了,它在嫩枝上打一排小洞,把卵藏进去。这些卵得在枝条里待上 10 个月左右,越冬卵在次年的 4、5 月开始孵化,变成若虫。这些小家伙还会自己挖洞,为了防止洞塌方,它们还会分泌一种黏糊糊的液体,跟土混在一起加固洞穴。

刚刚羽化的翅膀

羽化

雄蝉

有人说:"抓住了蝉,就抓住了整个夏天。"这话不假。虽然小时候一起爬树的伙伴的样子已经模糊了,但手里那只"吱吱"乱叫的知了,我还记得清清楚楚。蝉是夏日孩子们最忠实的玩伴,它们不知疲倦,年复一年地唱着单调的歌,提醒我们不要忘记那段单纯、快乐的时光。如果要写篇关于我与动物的故事,我想,我一定会首选它。

我们俗称的"知了"其实是对蝉科昆虫的统称。目前世界上有超过3000种蝉,不过我们大多都把它们叫作"知了"。相传"知了"这一称呼是由蝉的叫声演化而来的。古人根据蝉叫声的特点将其唤作"蜘蟟",后人将其简化为"知了"。

黑蚱蝉完成交配后,雌虫将腹部发达的产卵器插入枝条产卵。卵粒在枝条内孵化10个月左右,通常在次年的4—5月孵化并掉落,若虫随后钻入土中,在地下生活4—5年,每年6—9月蜕皮一次,末龄若虫一般在气温达到22℃时出土羽化,完成生命的循环。

每年蝉羽化的季节,一些资深食客也准备好辅材,吞咽着口水,跃跃欲试。食蝉在古代极为常见,甚至被视为美味佳肴。《礼记·内则》中记载,"爵、鷃、蜩、范"这几样是给国君食用的美味,其中"蜩"指的就是蝉,可见当时蝉是君王贵族筵席上的佳肴。

黄翅蜻的卵

有生命的宝石

童年的红蜻蜓

黄翅蜻　发现日记

"朝回日日典春衣，每日江头尽醉归。酒债寻常行处有，人生七十古来稀。穿花蛱蝶深深见，点水蜻蜓款款飞。传语风光共流转，暂时相赏莫相违。"那年，诗圣杜甫坐在曲江边，借酒消愁，排解心中的苦闷。在朦胧的酒意中，他望着眼前那无拘无束的蛱蝶和蜻蜓，有感而发，写下了这首《曲江》。于是，便有了流传千年的成语"蜻蜓点水"。

我对蜻蜓的最早记忆，与童年时乡下那条混着青色碎石子的小路有关。夏天暴雨来临之前，大群的黄蜻蜓在小路上低低地飞翔。我和一群小伙伴，光着脚丫，高高地举着扫把和拖把，一路"嗷嗷"叫着，从路这头跑到路那头。扫把挥得跟风车似的，虽然十次有九次扑空，但总有那么一两只倒霉蛋被我们俘虏。只不过扫帚的杀伤力太大，每次捉到的蜻蜓都是"缺胳膊少腿"的，如果能提到完整的一只，那真会当成宝贝。

后来才知道，这种黄色的蜻蜓是大名鼎鼎的黄蜻，它与黄翅蜻仅有一字之差，却是不同的种类。黄蜻会进行全球迁徙。它们经常乘着降

黄翅蜻

雨前的锋面气团或其他可利用的气流，进行定向或不定向的长距离迁飞。它们不仅在白天飞翔，还能在夜间高空大群迁飞。科学家的研究发现，黄蜻能沿着海面飞行，以每秒10米的速度，历经几个世代，从南非飞至亚洲北部，跨越印度洋。飞行距离超过10000多千米！它们甚至曾出现在喜马拉雅山地区，成为有记录的飞行高度最高的蜻蜓。与黄蜻这位志在远方的旅

黄蜻

行家不同,身材小巧的黄翅蜻就喜欢守着自己的一亩三分地,踏实地过着小日子。

7月的一天,我下班顺道去公园小池塘摸螺蛳,想给家里的鱼缸净净水。眼瞅着乌云就快吞噬了最后的阳光,我不由得加快了步子。公园里没啥游客,篮球场大小的池塘,除了螺蛳多,蚊子也是热情得不得了,组团前来送"红包"。

我慌慌张张地选了几个大个的螺蛳,将它们塞到矿泉水瓶里,想着再捞几个就收工回家。咦!隔着两三米远的地方,一只红色的小黄翅蜻围着水面的喜旱莲子草打转。起初我以为它在找过夜的地方,可总觉得它的动作有些蹊跷。果然,没一会儿,它就抱着一株叶茎安稳下来,尾部不断弯曲轻点。哟,产卵了!一下,两下,三下……

细心的朋友或许这时候要问了:蜻蜓没点水咋产的卵?这我得补充两句。蜻蜓产卵的方式可多了,有的将卵粘在水面植物上,这种方式被称作"粘附式产卵";有的会潜到水里,把卵藏在水下植物的根茎里,这种方式被称作"潜水式产卵"。此外,还有护卫式产卵、连接式产卵、

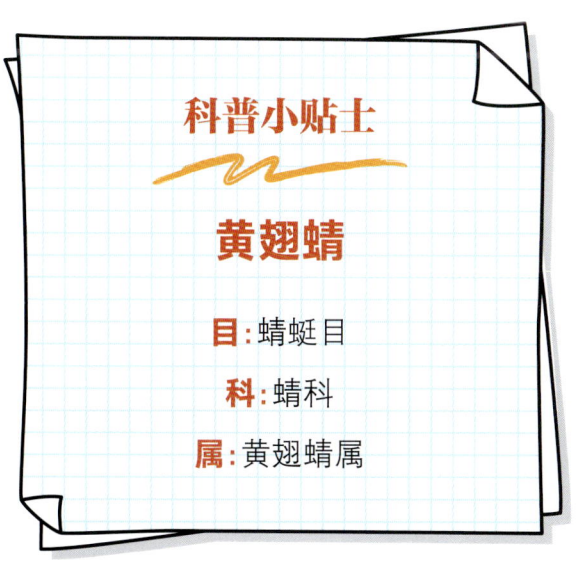

科普小贴士

黄翅蜻

目:蜻蜓目
科:蜻科
属:黄翅蜻属

有 生 命 的 宝 石

插入式产卵、集群式产卵,以及我们常说的点水式产卵,等等。

好吧,多等了5分钟,被蚊子送了十多个"大礼包",浑身不自在。得咧,回家抹风油精去了。

耳边响起一首歌:

我们都已经长大,好多梦正在飞
就像童年看到的红色的蜻蜓
我们都已经长大,好多梦还要飞
……

黄翅蜻是喜欢生活在池塘和贮水池等地方,是一种比较常见的蜻蜓种类。

在分类学上,蜻蜓目通常被分为三个亚目:差翅亚目,也就是我们常说的蜻蜓;均翅亚目,一般称为"蟌"或"豆娘",其体型普遍比蜻蜓小,头呈哑铃型;间翅亚目,这是一种古老的子遗类群,分布范围很狭窄。

如何分辨常见的"蜻"和"蜓"?我一般是看尾的末端,蜓的尾末端大多会有些许增大,而蜻的尾末端与前端相比,粗细差别往往不明显或有收缩的趋势。如果想准确率再高点,还可以观察它们前后翅的三角室形状是否相似。

我想说,每一个生命都值得我们去尊重和珍惜。哪怕一只小红蜻蜓,也能教会咱们很多关于生命和环保的道理。

叶足扇蟌会把卵藏在水下植物的根茎里

咖啡透翅天蛾的卵

有生命的宝石

请别再叫俺蜂鸟

咖啡透翅天蛾 发现日记

一龄幼虫

老熟幼虫

"看，一只蜂鸟！哎，赶快拍！"植物园的花卉园里，一位20岁出头的姑娘拽着身边男朋友的袖子，满脸兴奋。"这个我经常看到。"男友淡定的神情难掩内心的激动。相隔一米的我，不用看就知道，那只行为酷似蜂鸟的家伙又在光天化日之下来"赚取流量"了。不过，如今我可学聪明了，再也不会自以为是地卖弄一番所谓的学识，来一句："咱们国家没有蜂鸟，蜂鸟都是美洲的。"然后再噼里啪啦地来一顿自以为是的自然科普输出……

我转过身子，对着花丛中的"蜂鸟"咔咔地按着快门。镜头中的它，正是长喙天蛾亚科中最典型、出镜率最高的物种之一——咖啡透翅天蛾。

也难怪，翠绿色的身体、透明的双翅以及高速无规律的飞行轨迹，这个家伙长得非常符合人们印象中对蜂鸟的大部分描述，它还爱往花丛里钻，不是"蜂鸟"还能是谁？

蛾子家族的大部分成员都是夜行性，很多人对蛾子的印象还停留在那些被灯光吸引过来的"丑肥蛾子"上。天蛾家族却反其道而行之，不仅颜值尚可，更选在了白天出行，与蝴蝶、蜜蜂打成一片，既避免了与同类抢花蜜的激烈竞争，又收获了不少曝光流量。

不过，它也完美继承了蛾类家族心宽体胖的特点，肉嘟嘟的身材，看起来像个小面包。可这不影响它们的飞行技巧，一秒数十次的振翅，让它轻松做到"百花丛中过，片叶不沾身"。在飞行这一块，它要是蛾类第二，那也没谁敢称第一了。即便放眼整个昆虫家族，估摸着也能排到前列。

不管是在东亚、非洲，还是在澳洲大陆，这些家伙活得都是滋润得很。不管是森林还是城市公园，只要环境还不错，你就能找到它。尤其是种了栀子树的小区，那简直就是它的美食天堂。

每年天气暖和的时候，我都会在小区的栀子树上拨弄一番，瞅准了那些嫩枝条上被啃得破破烂烂的叶子，没准儿那里就藏着一条翘着尾巴的大肥虫。如果没有，那估摸着就是被鸟给先发现了。

咖啡透翅天蛾通常会将卵产在嫩叶上，这些卵大多数都粘在叶片背后。圆鼓鼓的卵粒水润透亮，美中不足的是，大多数都会有一个凹坑。不过这并不影响幼虫的正常孵化。幼虫起初是蛮可爱的，也就只有铅笔芯那般粗细。不过，它越长越丑，体型也是越来越壮实，能像成年人的手指头那般长短粗细，尤其是尾部那根高高翘起、摸起来有些粗糙的"天线"，蠕动起来还真是有些唬人。然而，在"粉丝"的眼中，这些都可以忽略。

成熟后的幼虫的体色会由绿转为暗红，这是它要土遁化蛹的

蛹

翅膀上覆盖着鳞片

刚刚羽化的咖啡透翅天蛾

成虫

节奏。它一路从高的植株上爬下,钻进松软的泥土里做个丝巢,化茧,等待羽化。此时你要是用手指头戳它,它就会激烈地扭着身子,"呼哧呼哧"喘着粗气,表达强烈的不满,同时也是一种恐吓。

夜晚是咖啡透翅天蛾羽化的时间。它们会挤破蛹壳,钻出泥巴,爬上高处。腹部的体液挤压充盈进翅脉,这个时刻,它的翅膀软得像张薄面皮。成败也就两三个小时。在起飞前的最后半小时,也就是待到身子干得差不多时,它的翅膀会高频震动,原本覆在上面的白色鳞片就如一片烟雾,随风而去。等到次日阳光初起,它将会一飞冲天,难觅踪迹。

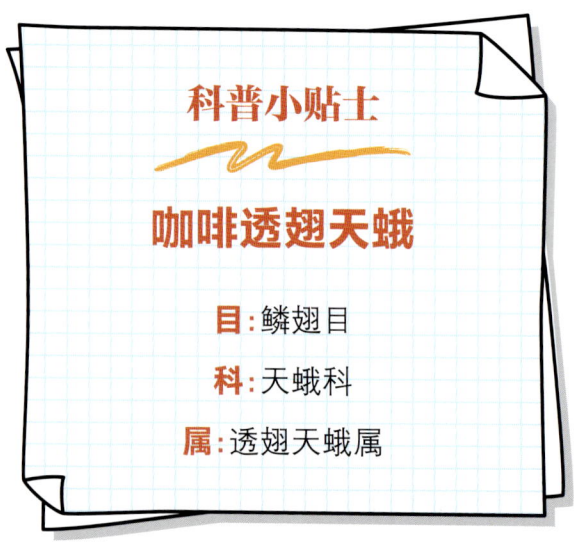

科普小贴士

咖啡透翅天蛾

目:鳞翅目
科:天蛾科
属:透翅天蛾属

咖啡透翅天蛾幼虫的主要食物是茜草科的植物，比如栀子属、咖啡属和山石榴属等。雌蛾为增加宝宝们的存活率，每次产卵约200粒，将卵产在嫩叶两面或嫩茎上。它们产卵可谓是点到即止，轻轻一碰，就是一枚。虽然其中有不少都会被寄生蜂盯上，但它们以量取胜。

"透翅天蛾"这个名称主要是根据形态外观得来的。它们最为显著的特征就是有四片透明的翅膀，上面几乎没有鳞片覆盖。身体布满了草绿色绒毛，腹部具有红、黄、黑相间的斑纹，腹部末端还有非常可爱的黑色毛簇，也算是蛾类家族里颜值较高的一种。

在植物传粉这块，咖啡透翅天蛾可算是一把好手。事实上，天蛾科传粉的效率仅次于蜂类。在鳞翅目昆虫中，它们是毫无疑问的"劳动标兵"。

再多说一句，在中国，野外是没有蜂鸟分布的，一只都没有。因为全球所有的300多种蜂鸟，都生活在美洲。

背部覆盖美丽的鳞片

丰年虫的卵

有生命的宝石

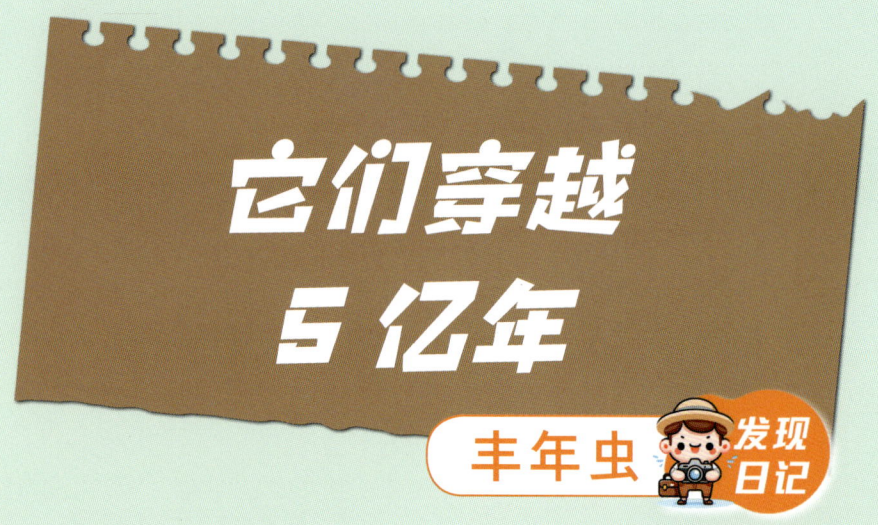

它们穿越 5 亿年

丰年虫发现日记

咱们得把时间轴往前倒约 46 亿年，回到地球刚刚眨巴着眼出生的那会儿。想象一下，漫天的尘埃、碎石裹挟着灼热气体搅和在一起，整个世界就像个大混沌汤锅中的黑暗料理。过了不知道多少个白天黑夜，地壳终于慢悠悠地形成了，凝固成了咱们现在脚踩的这块地。你知道吗，在宇宙眼里，漫长的 10 亿年也就是打个哈欠的时间。这时，地球有了一丝生命的脉动——蓝细菌（蓝藻）出现了，它们默默地吸着二氧化碳，吐着氧气，等着给后来的生命大佬们铺路。可这一等，就是 30 亿年，直到地球迎来了它的高光时刻——寒武纪生命大爆发！在短短 2000 余万年的时间里，地球生物圈玩起了"大变活人"游戏，生命进化快得就像开了八倍速，现代动物的祖先们几乎全冒出来了，化石记录里满满当当的都是节肢动物、环节动物、腕足动物、脊索动物……这些名字听着就像是在念一串神秘的咒语。这进化速度，让古生物学家们直呼看不懂。

寒武纪是一个既短暂又神秘得让人想一探究竟的时代。咱们故事的主角——丰年虫的老祖宗也在这时候登上了历史舞台。经过几亿年

雌性丰年虫

微距之下，生命奇迹再发现

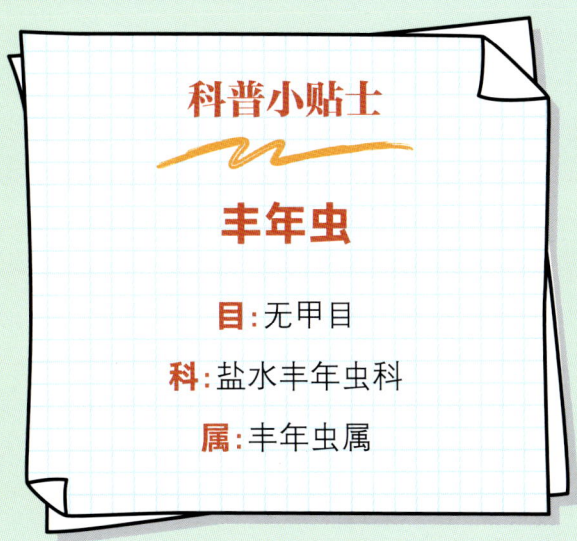

科普小贴士

丰年虫

目：无甲目
科：盐水丰年虫科
属：丰年虫属

的风雨，穿越了数次生命大灭绝的洗礼，它不断演变进化，逐渐分出自己的一脉，简直就是"钢铁小强"级别的存在。

某一年的4月，听说山里发现了丰年虫，我急忙跟朋友要了定位，扛起摄影包就往山里冲，结果一路上被各种枯枝荆棘拦路"抢劫"，野藤弯刺跟牛仔裤玩起了拉拉扯扯的游戏，小灌木枝也趁机在我屁股上"啪啪"地拍打。野猪脚印随处可见，我用手比划了一下它的"鞋子"尺码，那体格，我这小身板在它面前估计就是送菜

的。于是，我捡了根胳膊粗的树枝当武器。

山里头压根没路，或者是我压根没找到路，我在林子里绕了三个大圈，才好不容易摸到正道上。要不是为了亲眼见见这些小家伙，我才不来这鸟不拉屎的地方呢。

面前的池塘只有半个篮球场大，站在岸边，一眼就能看到对岸树叶上落的鸟屎，用棍子往水底探了探，哎哟，水位还没我膝盖高。这么"迷你"的小池塘，估计连鱼都不会有。说是小池塘，还不如说是个临时的水洼子。浅水处的烂泥巴地上横七竖八都是各种动物脚印，三个叉的是鹭鸟，梅花状的是獾子，最多的还是野猪，看样子这里是山中鸟兽的常用饮水点，我可得多留点心，别遇上来洗泥巴浴的野猪家族。

来之前，我在网上"恶补"了丰年虫的知识。丰年虫原来又叫"仙女虾"，因泳姿优美而得名。山里的仙女虾长得跟小米虾似的，还喜欢肚皮朝上游。原本以为找寻它们只是个简单的任务，结果我转了一圈，只看到一群大脑袋小

雄性丰年虫

181

有生命的宝石

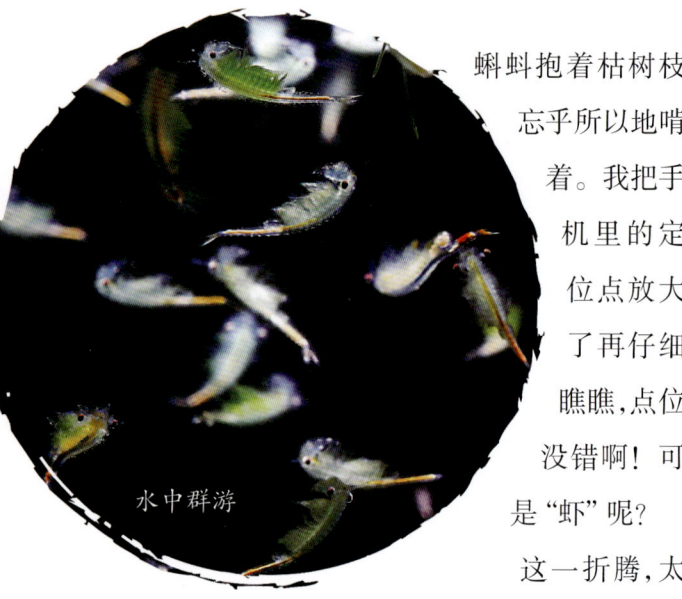

水中群游

蝌蚪抱着枯树枝忘乎所以地啃着。我把手机里的定位点放大了再仔细瞧瞧，点位没错啊！可是"虾"呢？

这一折腾，太阳都快下山了，我心里直打退堂鼓。无意间一瞥，嘿，水下有几个比指甲盖还小的东西浮上来，模样怪怪的，扒拉了几下又沉下去了。我赶紧掏出塑料瓶，趁它们又浮上来时，连水带草一股脑儿舀了进去。哈哈，没错，就是丰年虫！虽然没我想象的那么壮实，但肯定是它们没错。

后来，听巡山的老人说，每逢旱季，这个池塘都会干涸见底，池底的裂缝能塞进一个手掌，也就雨季才能存点水。这些小家伙从哪儿冒出来的？查了资料才知道，环境不好时，雌性丰年虫会生出休眠卵，卵壳外边包着一层厚厚的保护壳，能扛酷热、干燥、低温。它们就在里头等啊等，运气好可能是一年，没准儿是十年，直到碰到合适的繁殖环境。这个池塘偏僻，水里又没天敌，简直就是丰年虫的私家花园。穿越约5亿年，送走了三叶虫，见证了恐龙家族的兴衰，小小的丰年虫，一个字——牛！

像丰年虫这样的无甲目生物大多数栖息于淡水湖泊或池塘中，特别是在春、夏两季，它们常出现在雨水池和稻田里，少数生活在海洋或咸水湖中。它们腹面向上，利用附肢击水，并依靠附肢的前后运动，使带有悬浮物的水流进入附肢间的空隙中，再由附肢的刚毛将单细胞藻类和有机碎屑颗粒物运送到食物沟，向前传送至口中。

丰年虫的卵粒通常比细沙粒还小，成熟的卵会从卵囊内排出，散布在水底的污泥上。孵化后，幼体需经过数次蜕皮变态才能长成。当气候寒冷、环境恶劣时，它们能产生包有坚厚外壳的卵，等到环境好转后又能继续发育成长。这种休眠能力和抗压能力在动物界堪称奇迹。

地球，这颗蔚蓝的星球，自其诞生以来，已悠悠然走过约46亿年的漫长岁月。它的故事，犹如一部波澜壮阔的史诗，从炽热的火球到荒漠，再到生机勃勃的家园，每一页都镌刻着生命的奇迹，每一幕都见证着自然的伟大。

红胸窗萤
的卵

有生命的宝石

白天活动的萤火虫

红胸窗萤 发现日记

夜幕低垂，点点荧光闪烁，犹如繁星落入凡间，萤火虫凭借它们尾部神奇的发光器，成功踏上昆虫界的"星光大道"，和"花中仙子"蝴蝶齐名。难道这些萤火虫都是天生自带光环的小精灵？其实，咱们平时说的萤火虫，大多是指那些能发光的鞘翅目萤科昆虫。然而，在萤科昆虫这个大家庭里，总有几个特立独行的家伙，比如红胸窗萤，它们就不按常理出牌，偏偏要在白天出来溜达，挑战老祖宗传下来的夜行规矩。

目前，全世界已经记录下来的萤火虫有2200多种，它们大多生活在温带、亚热带和热带地区。生态学家根据成虫的活动习性，将它们分为昼行性、夜行性和昼夜行性三大类。夜晚点灯找伴侣对萤火虫来说是小菜一碟，但白天出门，没了黑夜的掩护，日行家族的成员们怎么在茫茫山野里找到心仪的对象呢？别急，它们有秘密武器——信息素！

信息素就像是昆虫的"秘密电报"，是用来传递

交尾

老熟幼虫捕食蜗牛

信息和进行交流的化学语言。这些微量化学物质随着空气流动,散布在四周。这些我们人类看不见、摸不着的信息密码,却是昆虫种族间特有的通讯方式。它们就像无线电波一样,构成了昆虫之间的情感纽带,能够调节和控制着它们的行为和生理变化,比如交配、产卵、防御、攻击、寄主定位和取食等。信息素弥补了昆虫视觉和听觉的不足,让它们能在更远的距离上进行交流。现在,科学家们已经在不同昆虫中发现超过3000种信息素。

红胸窗萤正是靠这种手段,不用光环也能精准定位,轻松解决自己的终身大事。每年5月左右,山里的茅草小路旁,经常能看到它们站在草叶尖上,锯齿状的触角上下摆动,搜寻空气中雌性释放的"爱情信号"。不过,它们心仪的对象在人类看来可能不太起眼,甚至有点"丑"。

那个早已失去飞行能力的雌萤,拖着臃肿的身子,爬到空旷的地方,打着哈欠,等着雄萤上门求婚。在漫长

蛹发出警告光

雌萤

雄萤

有生命的宝石

雄萤

科普小贴士

红胸窗萤

目：鞘翅目
科：萤科
属：窗萤属

的进化过程中，雌萤主动放弃了美丽的翅膀，让自己的身体越来越胖，这一切都是为了能孕育更多的后代，保证家族的繁荣。成功备孕的雌萤会钻进落叶层，把一颗颗像珍珠一样圆润的卵藏在背阴处潮湿松软的泥土里。这里也是蜗牛的地盘，这些慢悠悠的软体动物将成为红胸窗萤幼虫成长的主要食物。

红胸窗萤的幼虫下颚须上布满了嗅觉感受器，就像警犬的鼻子一样灵敏，能轻松嗅出蜗牛行走后留下的黏液味道。一路跟踪追上猎物后，它们会用一对中空且锋利的镰刀状上颚刺进蜗牛体内，注入麻醉消化液，等蜗牛失去知觉后，再把它分解成肉泥并吸入肚子里。有趣的是，吃完后，它们还会用尾足擦擦嘴巴，顺便清理一下身体，真是既聪明又讲究卫生的小家伙！

红胸窗萤虽然不能翱翔夜空，但它们在成长之路上展现的独特美丽和智慧，值得我们在记忆中为它们留有一席之地。

红胸窗萤是昼行性萤火虫的典型代表，隶属于鞘翅目萤科窗萤属。它主要栖息于中海拔的山区地带，对生活条件颇为挑剔，偏爱植被茂密、湿度适宜且远离人造光源及农药影响的自然环境。该物种展现了显著的雌雄异型特征，成虫阶段即可直观区分性别：雌性成虫翅膀退化显著，仅残留短小翅芽，丧失飞行能力；雄性成虫则拥有完整且发达的鞘翅，能覆盖胸腹并保护其膜质后翅，因此具备飞行功能。

在幼虫阶段，红胸窗萤是名副其实的捕食高手，其头部装备有触角、上颚、内颚叶及下唇须等一系列感知器官。这些器官协同作用，赋予幼虫全方位感知和适应复杂生存环境的能力。

黄脉翅萤
的卵

有生命的宝石

罐头瓶里装着的是童年

黄脉翅萤 发现日记

小时候,夏天的晚上,我睡在门前空地的凉床上,总能看见萤火虫提着小灯笼,在不远处飞来飞去。孩子们常常聚在一起玩耍,捉萤火虫成了大家夜晚最喜欢的活动。幽暗的夜空中,一只只萤火虫飞过来飞过去,闪烁着奇异的荧光,不断吸引着孩子们的好奇心。一群孩子大叫着、雀跃着,追逐着萤火虫的点点光亮,或是伸开手掌、挥舞蒲扇,试图把萤火虫打落到地上,然后装进事先准备好的空罐头瓶中,小心翼翼地盖上盖子,生怕它们跑掉。

睡觉的时候,我喜欢把瓶子放在枕边或是床边的桌子上。瓶里的萤火虫发出梦幻般的光,陪伴我进入甜美的梦乡。那小小的亮光,照亮了我童年梦中的憧憬。那是我永远忘不掉的记忆。

长大后,我拼凑着那些碎片般的记忆,意识到那应该就是黄脉翅萤的微光。我开始好奇:萤火虫为什么会发光?那小小的光点里究竟藏着哪些秘密?书本终于给了我科学的答案。

交尾

黄脉翅萤成虫的腹节具有发光器,由外向内依次为表皮、发光层、反

幼虫即将出卵

微距之下，生命奇迹再发现

科普小贴士

黄脉翅萤

目：鞘翅目
科：萤科
属：脉翅萤属

一龄幼虫

老熟幼虫

蛹发出警告光

层和内部细胞层。反射层具有发达的气管结构，能够反射光线。发光层由大量发光细胞构成，内含典型的发光颗粒、线粒体、内质网及大量糖原。该层通过发光细胞内的生物化学反应产生光。萤火虫会利用体内的荧光素酶、荧光素、三磷酸腺苷、氧和镁离子进行生物化学反应，从而发出光。它们通过调节呼吸，控制氧气供应，来调整闪光的明暗和频率，形成时明时暗的"闪光"。体内荧光素酶的结构不同，也使得萤火虫成虫发光的颜色因种而异，有黄色、绿色、黄绿色等。绝大多数种类的萤火虫，其荧光素的结构基本相同，而荧光素酶的结构则相似但存在差异。

黄脉翅萤是萤火虫家族中一位娇小玲珑的成员。它的卵更是精致到了极点，几乎可以与纤细的针尖相媲美，展现了大自然造物的精妙与细腻。在繁衍生息的过程中，黄脉翅萤对环境的选择尤为挑剔。它们偏爱那些潮湿而又略带闷热的地方，这样的环境仿佛是为它们量身定制的育儿室，能够提供恰到好处的温度与湿

有生命的宝石

度条件,促进卵的顺利孵化以及幼虫的健康成长。因此,在那些隐秘而湿润的角落,黄脉翅萤的生命奇迹得以一代又一代地延续下去。

一转眼,很多年过去了,城市发生了翻天覆地的变化。灯火扮靓了城市的夜,星空却失去了往日的光彩。那些黑暗中的小精灵也搬进了大山的深处。工作的忙碌、俗世的纷扰,让我儿时的玩伴和那些顽皮的萤火虫一同被藏在心灵的最深处。

然而,萤火虫不该就此被遗忘。它们需要自己的生存家园。于是,我背上相机,走进黑暗的山林,用不同的方式述说着它们的故事。我希望能让更多的朋友了解、关心、爱护它们,一起保护我们身边这群可爱的小精灵的生活家园。

幼虫捕食尖真管螺

黄脉翅萤属于鞘翅目萤科脉翅萤属,是一种较为常见的萤火虫。它们偏爱生活在植被茂盛、水质洁净、空气清新的环境中,对环境变化极为敏感,因此常被视作优良生态环境的指示生物。成虫体色为橙黄色,翅鞘的左右翅缘各有一道纵向隆起的翅脉,因此得名"黄脉翅萤"。其体长通常为 4.5 毫米至 7.5 毫米,形如米粒。它们的尾部装备了一个发光器,能够发出黄绿色的荧光。

大多数萤火虫在夜晚活动,它们尾部的光亮不仅用于两性间的交流,还能对天敌起到警戒防御的作用。萤火虫或许未曾料到,这本用于恐吓天敌的光亮,对人类而言,不仅没有起到恐吓效果,反而成功吸引了人类的目光。

近年来,公众愈发重视环境保护。如何让青少年正确认识自然环境,了解身边的环保知识,并学会如何改善环境,已成为亟待解决的问题。环境教育已经成为青少年成长过程中不可或缺的一部分。在生态环境的可持续发展以及生态文明建设过程中,青少年绝不仅仅是旁观者,而是重要的参与者。保护萤火虫,不仅是保护一个物种,更是保护我们共同的自然环境和未来。

条背萤的卵

有生命的宝石

池塘里的仰泳爱好者

条背萤 发现日记

在古人眼中，萤火虫被视为神秘之物。《礼记·月令》中记载："季夏之月……腐草为萤。"古人看到萤火虫经常在阴湿的草丛中出没，就以为它们由腐草所化，民间甚至还有"魂魄化萤"之说法。

中国的萤火虫文化源远流长，自古以来，许多文人墨客喜爱以萤火虫为意象进行创作，借此表达各种复杂的人生情感，这也为萤火虫增添了一份厚重的文化底蕴。先秦时期的《诗经》中就有"町疃鹿场，熠耀宵行"，其中的"熠耀"就是指萤火虫。诗中通过描写在夜间飞行的萤火虫，渲染了家乡荒凉阴森的景象。西方著名昆虫学家法布尔在书中提到，古希腊人称萤火虫为"朗比里斯"，意为"把灯笼挂在尾部的人"。这个名字后来演变成了它的学名"*Lampyris noctiluca*"，意思是"在夜晚尾部挂着灯笼而发光的人"。萤火虫一般可以分为水生、半水生和陆生三类，这种分类更多地体现在萤火虫幼虫不同的生活方式上。

条背萤往往只生活在没有污染、没有打扰的地方，比如远离尘嚣的湖泊、湿地、稻田里。到了5月，天一擦黑，那些年轻的雄萤就急着开始闪灯了，它们贴着水面"嗖嗖"地飞，寻找雌萤发出的信号。雄萤的寿命短，只有一周左右，

水中产卵

紫萍背面的条背萤卵

所以它们得抓紧时间，而雌萤则悠闲得多，稍微亮个灯，就有一波雄萤围上来。

条背萤特别喜欢住在紫萍（一种浮萍）铺满的池塘里，那浮萍就像水上的一层绿毯子，简直是它们的豪华别墅。雌萤还会在浮萍背面产下一颗颗像打磨过的玉石戒面一样的卵，精致得很。

别看条背萤住在水里，它们的幼虫游泳技术可烂了，六只脚在水里扒拉老半天才挪动一点点，看着都替它们着急。但是，一旦有了浮萍当踏板，嘿，它们就跟装了马达似的，行动飞快！正因为这独特的泳姿，它们被归入仰泳萤家族。

老熟幼虫在水中仰泳

科普小贴士

条背萤

目：鞘翅目
科：萤科
属：仰泳萤属

蛹

条背萤平时以多种小型螺类为食，是有害螺类的生物天敌。

在庞大的昆虫家族中，萤火虫是为数不多能让暴力与诗意完美结合的成员之一。"囊萤夜读"在民间文化中更是勤奋学习的象征，《晋书·车胤传》记载："胤恭勤不倦，博学多通。家贫不常得油。夏月则练囊盛数十萤火以照书，以夜继日焉。"晋人车胤幼时家贫且好学，无钱买油照明读书，就捉萤火虫用白纱包裹，借萤火虫的微光读书，最终成为饱学之士和国家栋梁。后人便用"囊萤夜读"来形容在艰困环境中勤奋读书的行为，并以此教育子女，表达了人们对勤勉好学精神的赞许和推崇。

现代研究者通过将萤火虫装入玻璃瓶测试发现，数量达到100只时能较为清晰地看见书本字迹，但只有短短几分钟，不规则的脉冲频闪就会让眼睛疲惫不堪。虽然现在咱们不会真的用萤火虫看书（因为闪得眼睛疼），但那份刻苦劲儿，还是值得我们学习的！

老熟幼虫上岸

老熟幼虫捕食扁卷螺

萤火虫，这位昆虫界的"变形大师"，它的生命旅程就像是一部精彩的科幻电影，充满了奇幻与惊喜。从一颗微小而充满希望的卵开始，它逐渐蜕变，历经幼虫、蛹的阶段，最终华丽转身，成为夜空中最耀眼的成虫。这一系列的变形，正是萤火虫作为完全变态昆虫的独特魅力所在。

在生态的大舞台上，萤火虫还展现了令人惊叹的多样性。根据它们幼虫的生活方式，萤火虫被巧妙地分为水生、半水生和陆生三大类。它们就像是昆虫界的"三栖明星"，无论是水中畅游、水边嬉戏，还是在陆地上自由奔跑，萤火虫幼虫都能游刃有余。

而条背萤幼虫，更是水生萤火虫中的"仰泳高手"。想象一下，在清澈的水面上，这些小小的生命正以一种优雅的姿态仰面漂浮。它们一边享受着游泳的乐趣，一边还能巧妙地利用惯性，将带有气门的腹节露出水面，实现游泳与呼吸的完美同步。这就好像是在进行一场水下芭蕾表演，既优雅又高效。

更令人惊奇的是，条背萤幼虫的呼吸方式还会随着年龄的增长而发生变化。在一至二龄时，它们的体壁上布满了气管鳃，就像是一个个微型的水下呼吸器，让它们能够在水中自由呼吸。而当它们成长为三至六龄时，气管鳃逐渐消失，取而代之的是腹气门。这些气门就像是一个个小小的通风口，让幼虫在仰泳的过程中能够定期地将腹节露出水面，进行空气呼吸。而这一切，都是那么自然而流畅，仿佛它们是天生的水中舞者。

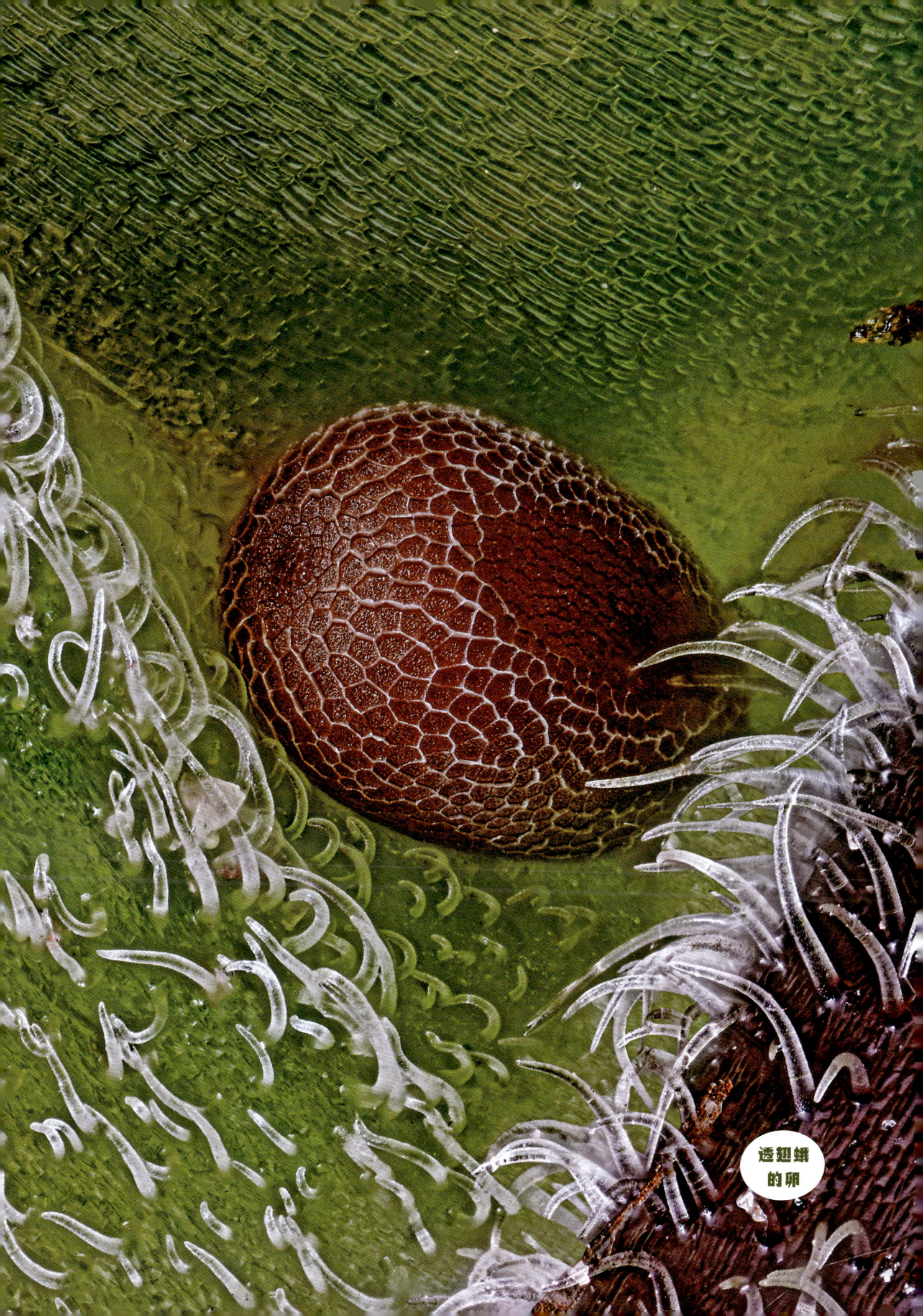

透翅蛾的卵

有生命的宝石

"装蜂卖傻"

透翅蛾 发现日记

5月底,家里的几只眼蝶小宝宝都快饿扁了,它们在罐子里抱着干巴巴的叶子,啃得"沙沙"作响。看在眼里,我这心里头啊,急得跟热锅上的蚂蚁似的,都怪我这当"妈"的疏忽了,最近被一堆杂七杂八的事儿缠得团团转。好不容易这天中午挤出一点时间,我便急匆匆地往山里奔去。

到了山脚,路边随便揪了一把杂草,搞定!这些小家伙的口粮算是有着落了,能吃上一阵

拟态胡蜂的透翅蛾

子。不敢多耽误,我拎着袋子,低着头,一路小碎步加小跑往回赶,不过眼睛还跟雷达似的,四处扫射,心里琢磨着:好不容易来一趟,就这么薅点草回去?嘿,还真让我瞧见了点新鲜玩意儿!

两三米开外,一个长得既像蜂又不像蜂的小家伙,正贴着地面,上上下下地忙碌着。我这大脑啊,跟翻书似的,"嗖嗖"地翻找关于它的信息,结果——没找到!得嘞,直接下令——"站住"!

拟态枯叶的核桃美舟蛾

微距之下，生命奇迹再发现

鸡屎藤

这小家伙，还真是挺逗的。它穿着黄黑相间的条纹衫，乍一看像蜂类，但仔细瞅瞅，又总觉得哪儿不对劲儿——它咋老往那鸡屎藤上凑呢？

说起鸡屎藤，在植物界里它可是"臭名昭著"。它的叶子里头含硫化物，用手搓一搓，一股鸡屎味，刺鼻得很。不过，它的名字虽不好听，本事可不小。在中药里，它能用于治疗痢疾、消化不良、胃疼等疾病。到了餐桌上，它的一藤一叶都是美味，老食客们都说，越臭越好吃！而且，它的小花儿一串串开得还挺精致，摘点儿做成香囊，也很不错。

那么，这个小家伙到底在捣鼓啥呢？我轻手轻脚地跟过去一看，嘿，果然不是蜂，是个伪装高手——透翅蛾！它们家族个个都是伪装大

> **科普小贴士**
>
> **透翅蛾**
>
> **目**：鳞翅目
> **总科**：透翅蛾总科
> **科**：透翅蛾科

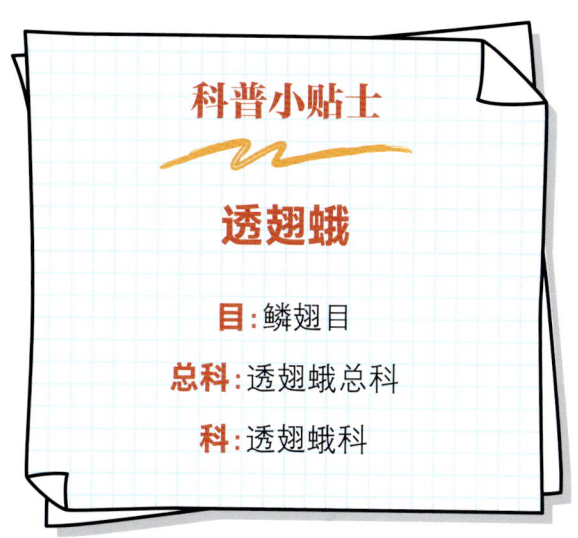
伪装成枯树枝的尺蠖

有生命的宝石

仿有毒的胡蜂,让那些想吃它们的天敌咽着口水,不敢下嘴。

听说,昆虫拟态这事儿得追溯到古生代。一开始,它们就靠翅膀简单拟态,到了中生代,拟态昆虫就开始大放异彩了。到了白垩纪,昆虫们的拟态技术那叫一个炉火纯青!比如核桃美舟蛾,就像一片卷起来的枯叶子;尺蠖幼虫更是把自己伪装成了一根枯树枝,只要它一动不动,谁也认不出它来。拟态,就像是大自然的一场魔术秀,让物种们在生存大战里找到了各自的独门秘籍。

小带透翅蛾

小带透翅蛾产卵

眼前这只透翅蛾,正忙着干大事儿呢——产卵!它不停地弯着肚子,把后代藏在鸡屎藤的叶子底下,这红彤彤的卵粒像一枚枣子,还真是让我开了眼。幼虫一孵化出来,就会钻到茎里头,过上隐居的小日子。

得嘞,今天没白来,还有个意外的收获。走,回家!

师。为了不被吃掉,在漫长的进化路上,它们选择了模

透翅蛾科昆虫属于节肢动物门昆虫纲鳞翅目。这是一种形态及行为高度拟态膜翅目昆虫的蛾类,在各大动物地理区系均有分布,其中东洋区的物种多样性最为丰富。透翅蛾的幼虫会钻蛀植物的根、茎、果实、树皮等部位,一些种类会对农林业造成严重经济损失。

透翅蛾体型与胡蜂相似,再加上这种黄黑相间的配色,真是能唬住不少人。不过,与胡蜂的纤纤细腰相比,它们的腰可以用水桶来形容。这也是一眼辨真假的快速识别方法之一。

白纹伊蚊的卵

有生命的宝石

第一次和蚊子"合作"

白纹伊蚊 发现日记

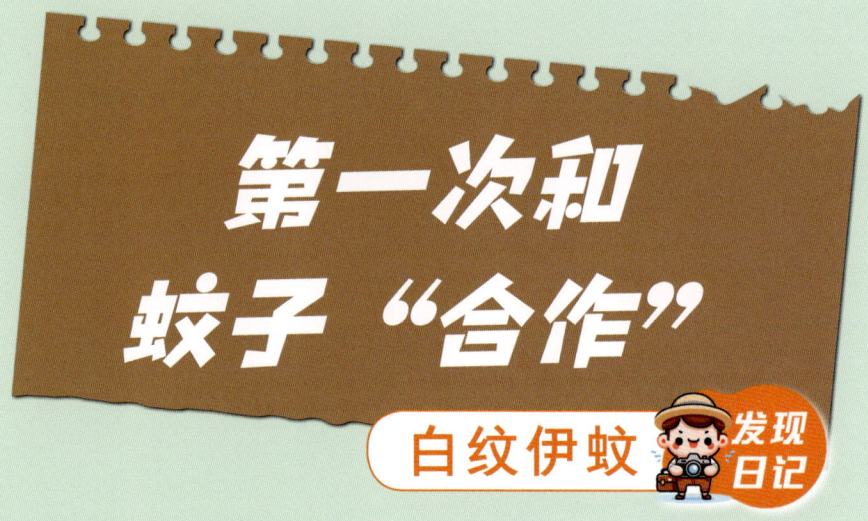
卵

幼虫

我家有个小院子,我曾经幻想着那里会有小桥流水、花果满枝的美景。然而,现实很快给了我一记重拳:种的花不开,果树也不结果子。时间一长,锄地拔草的热情就消退了,我又变得懒散起来,于是决定任由小院自由生长。不是有句老话嘛,"有心栽花花不开,无心插柳柳成荫"。嘿!你看,蒲公英自己打着伞就来了,酢浆草也贴着地铺了一小片,朴树还冒出了几根新苗。别说,它们长得还挺好,远远望去,挺有原生态的感觉。我给小院起了个名字——荒草雅阁,幻想着在其中摇扇品茶,听虫鸣鸟叫。

原本费了好大劲搬来的那些种睡莲的瓶瓶罐罐,也被挪到了墙根儿,干脆让院子自己折腾去吧。可现实很快又就给了我一个巴掌:植物不要烦神,但这小院我却没法待了。你猜怎么着?蚊子来了!往年我还能摇着扇子看星星,今年可好，改成摇着电蚊拍打蚊子了。电蚊拍跟放炮仗似的，"啪啪"闪着蓝光。蚊子这群家伙脸皮可真够厚的，不管你怎么躲，它们还是要拼了命地凑到跟前给你送"红包"。

说起蚊子，这家伙可是咱们人类的"头号敌人"，也是地球上最古老的昆虫之一。它们曾经在恐龙嘴边讨生活，躲过了生物大灭绝，又盯上了更"美味"的人类。于是，一场长达数百万年的战斗便拉开了帷幕。可一直打到现在，咱们也没占到什么便宜。

不过，科学家也说了，蚊子的祖先可能起源于约5亿年前的寒武纪甚至更早，但最早的化石证据是在中生代的白垩纪岩层里找到的。具体的起源时间，现在还没有定论。反正，我跟蚊子的战斗就在这荒草雅阁正式打响了。

要想战斗，得先找到敌人的老巢。我首先怀疑的就是那些靠在墙根儿、每次下雨都能灌个半饱的瓦罐瓶子。果然，罐子底部积了半罐子水，都长青苔了。好家伙，还真有发现！十多个蚊子的幼虫——孑孓，正悠然自得地泡着澡呢，一个个张牙舞爪的，看着就不好惹。我把一个罐子拿到亮处，这群没见过世面的家伙顿时被吓得上窜下跳。看它们活力十足的样子，嘿嘿，我家鱼缸里的小草鱼可有口福了。

不过，我的好奇心又上来了——它们的卵到底长什么样呢？脑袋里想了一圈，没找到答案，于是决定当晚就试试。我把自己捂了个严实，只露出一截显眼的小腿作为诱饵，拿着手电筒和空瓶子，就把自己扔到了小院里。结果你猜怎么着？蚊子好像早就等着我了，还没走两步，三四只花蚊子热情地围了上来。它们就是有着"亚洲虎蚊"

蛹

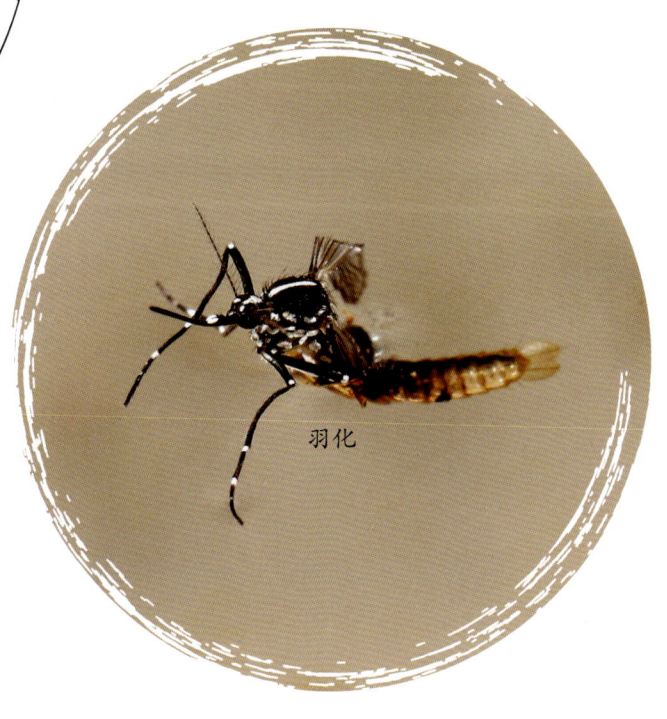

羽化

有生命的宝石

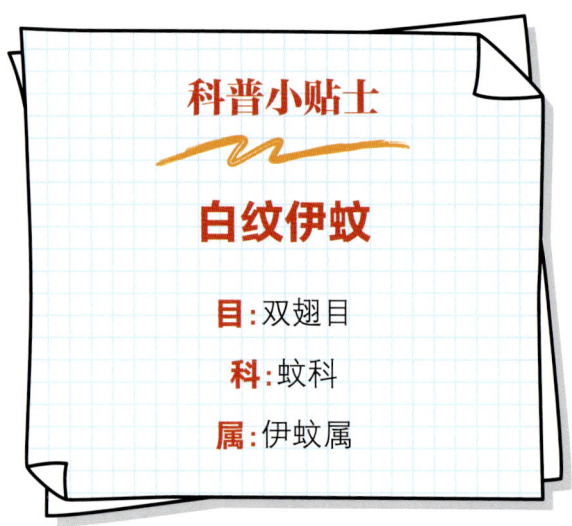

科普小贴士

白纹伊蚊

目：双翅目
科：蚊科
属：伊蚊属

之称的白纹伊蚊，家族遍布全球各地，黑白相间的斑纹是它们的标志。这几个家伙晃着脑袋，满脸兴奋，可能也没想到这么晚了还能遇到一块大"馅饼"。

很快，这些经验丰富的"老手"就找到了突破口，柔软的嘴巴慢慢地刺进了我的皮肤。我只觉得皮肤微微一麻，知道它们完成了吸血的第一步。接下来，它们就要开始寻找血管了。蚊子的口器可不是简单的一根管子，你把它解剖开，会发现里面其实还有更多的结构。这是一系列高度特化的附肢结构，包括上颚、下颚、上唇、下唇和舌。上颚和下颚负责钻孔，上唇负责吸血，舌则负责麻醉。所以说，蚊子每次吸血，都像是做了一场微型手术。

你可以想象一下，当看着眼前的这个"外科医生"肚子一点点变大，而你又不能拍它时，那种纠结矛盾的心情。虽然前后只有短短的一分钟，但我感觉时间过得特别慢，甚至能"脑补"出它"咕噜咕噜"吸血的声音。趁着它还陶醉在"美食"中，一个透明大罐子从它的头上慢慢扣了下来。很快，罐子里就多了三只四处寻找

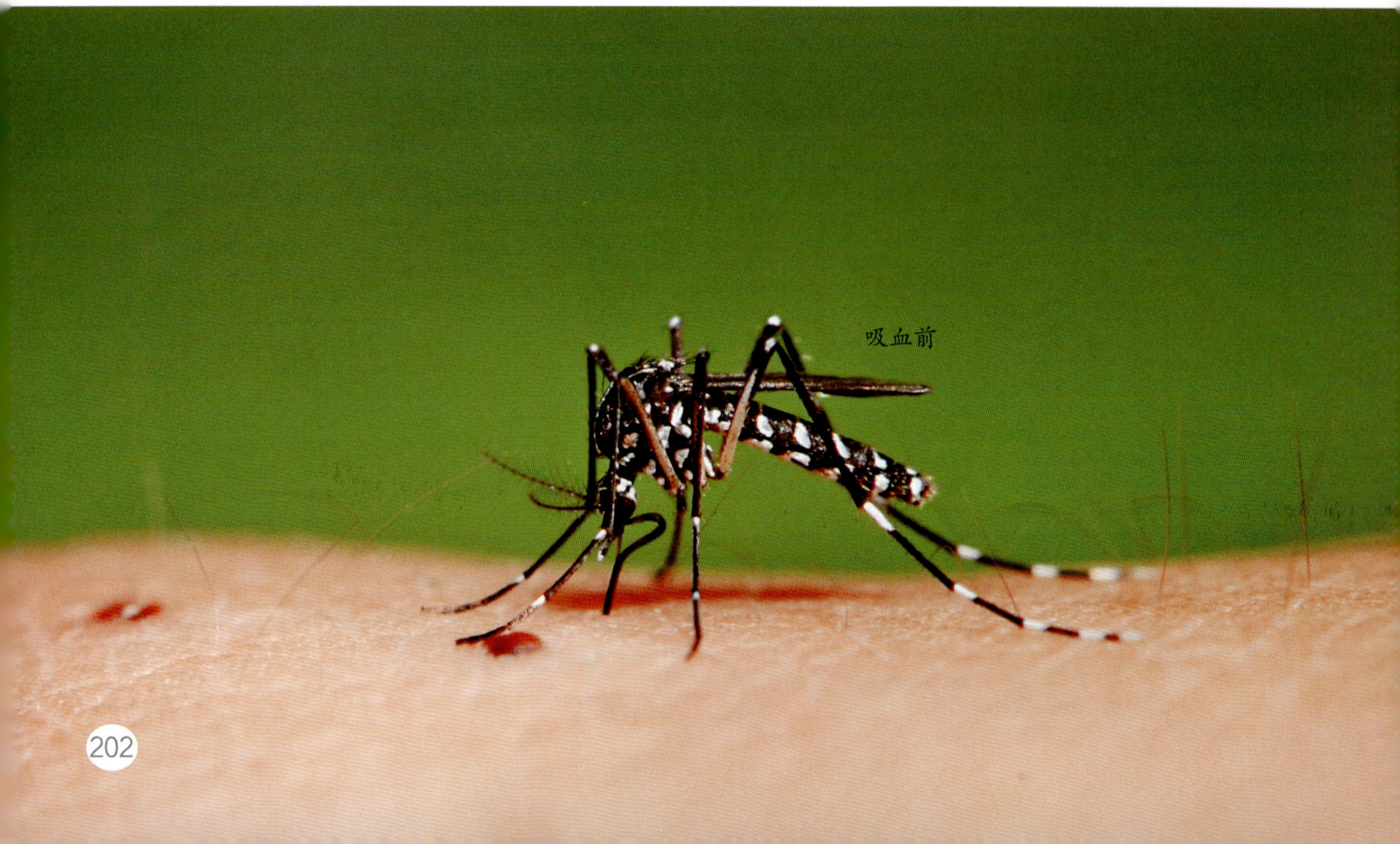

吸血前

出路的花蚊子。

接下来的几天就是等待了。我把瓶子反扣在桌上，瓶盖里盛了一点水，给这群"准妈妈"准备了一个"产房"。一天，两天，第三天一早，水里就多了十多粒比头发丝还细、肉眼几乎看不清的枣核型黑色颗粒。它们就是我和蚊子"合作"的"爱情结晶"，哈哈，开个玩笑啦！

> 蚊子是昆虫纲双翅目蚊科的俗称。蚊子一生要经历卵、幼虫、蛹、成虫四个阶段，属于完全变态类昆虫。前三个阶段生活于水中，而成虫则主要生活在陆地上。幼虫被称作"孑孓"，它们依靠滤食水中的微生物及原生动物生存。
>
> 白纹伊蚊是蚊子家族里赫赫有名的种类。它以卵的形态越冬。蚊卵的外膜由不同图案构成，具有抗御外力和防止化学物质渗透的作用，是蚊卵的重要保护层。
>
> 蚊子繁殖离不开水，因此，清理房前屋后角落里的积水，就能有效减少蚊子的繁殖场所。蚊子对二氧化碳和汗味比较敏感，所以勤洗澡可以去除体表分泌物的味道，从而减少被蚊子叮咬的可能性。

吸血后

宽翅方蜻
的卵

有生命的宝石

花了"血费",换得宝贝

宽翅方蜻 发现日记

这群橄榄形状的"宝石"是宽翅方蜻的卵,它甚至比最细的自动铅笔笔芯的截面还要细上一圈。在初产的几小时内,新鲜的卵粒呈现出鲜嫩的淡棕红色,仅仅数小时后,颜色逐渐变黑,犹如一款低调的圆润墨玉。细细看去,这看似光滑的表面其实布满细密的凹槽,恐怕经验丰富的玉雕师,也无法雕刻得如此匀称。为了寻到它,我着实花了不少"血费"。

那是 6 月一个潮湿闷热的雨后,我踩着湿滑的苔藓小道,一头扎进了潮湿浓绿的密林。这一路上,热情的蚊子家族想方设法和我套近乎,并送上奇痒难耐的"大礼包"。不时窜出的蜈蚣、蝎子也给这趟旅途增添了"惊喜"。不过,为了观察宽翅方蜻的"婚礼",我也是忍了。

中国大约有 900 种蜻蜓,相较于昆虫大家族来说,这点数量充其量算得上是大家族,却谈不上兴旺。早在 3.2 亿年前的早石

老熟幼虫

成虫

水面的枯枝是它们的产卵地

开始羽化

羽化中，翅膀慢慢展开

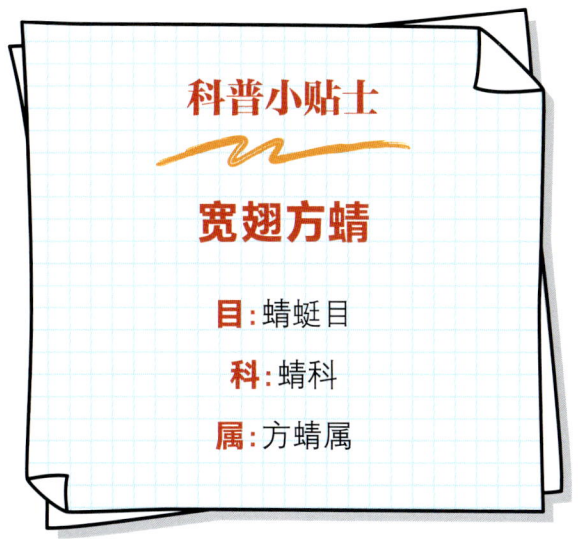

科普小贴士

宽翅方蜻

目：蜻蜓目
科：蜻科
属：方蜻属

炭纪，蜻蜓的先祖也曾称霸一时，不过它们依旧没逃过约 2.5 亿年前二叠纪的那场惨烈的生物大灭绝。

骂骂咧咧，跌跌撞撞，我好不容易摸到小径的拐角，一方半个篮球场大的小池塘被前一晚的雨水搅成了一锅浑浊的烂泥汤。无数孑孓死命扭着难看的身子，潜进泥水中。没一会儿，这些憋不住气的家伙，又把带有呼吸管的腹部探到水面上，悄悄猛吸上一口气。我到这里可不是为了欣赏这群家伙的"舞蹈"的，一眼扫过，这个小池塘便被看了个透。阳光透过树叶的缝隙，吃力地洒了进来。这样闷热潮湿的幽暗林下环境，正是宽翅方蜻家族所偏爱的。

哎，有戏！水面几截枯树枝吸引了我的注意，它们只露出水面尺余长，另一头则深深扎在淤泥里。树枝最高处停着一只火柴盒大小的蜻蜓。嘿嘿，这正是我今天的目标——宽翅方蜻。

我知道，它是一只正在等待"新娘"的单身"帅小伙"，一身蓝灰色的"烟熏妆"，两对透明的

有生命的宝石

羽翅，妥妥的帅哥一枚。在蜻蜓的家族里，比拼的可不是颜值和财富，它们的"婚礼"与蜻蜓家族里不少同类一样，都充满了原始与暴力。它们的"恋爱"没有任何甜言蜜语，通常会采用抢夺、撞击、握抱等方式争夺交配权。总而言之，力量才是关键。

既然已经来了，我决定再等一等。蚊子们也很赞成我的决定，难得遇到这么大的哺乳动物送上门，它们怎么也得好好"叙叙旧"。于是，它们一致决定留下来陪我。不仅如此，连十里八乡的"姊妹们"都闻讯而来，好家伙，像赶集似的，连隔着牛仔裤的地方它们也不放过。

我拍着手，跺着脚，在林子里跳着奇怪的"驱蚊舞"，眼睛却一动不动地盯着那只帅哥蜻蜓。宽翅方蜻的复眼由成千上万个小眼组成，这让它们拥有广阔的视野范围（只有它们的身后是盲点）。枯枝上的宽翅方蜻也没敢马虎，一双炯炯有神的蓝绿色复眼不断扫视着周围，它知道，这一处水域还有不少竞争对手也在虎视眈眈。

功夫不负有心人，不多时，"新娘"来了。"新娘"还没停稳，刚刚还风度翩翩的"帅哥"一个熊抱就把它揽进了怀里，生怕被别人抢了似的。

头尾相连是蜻蜓独有的交配姿态，猛一看

交尾

是个酷似爱心的造型。不过,即使是洞房花烛时,第三者也会光明正大地上门来抢亲,毕竟这样的场面谁看着都很眼热,所以机会难得。

不远处,还有意外的惊喜:一只已经婚配的雌性宽翅方蜻悬停在一截枯枝旁,尾部不断弯曲,一枚枚淡黄色的卵也精准地粘附在枯枝上。

哈哈,任务顺利完成,我揣着一小截枯枝,带着一身蚊子送的"大礼包",兴冲冲地往家赶。对于超级微距爱好者来说,我的工作才刚刚开始。

雄性宽翅方蜻的复眼通常为蓝绿色,面部为黄色,额部具有1个金属蓝黑或黑色的斑;胸部为黑色,具有肩前条纹,侧面具有2条宽阔的黄条纹;翅透明,后翅基方具有琥珀色斑;腹部为黑色,具有黄色斑点。雌性与雄性相似,但后翅的琥珀色斑面积更大,腹部更粗壮。

它们一年繁殖一代,大多会选择在林下的水坑、池塘或平缓的溪流处栖息繁育。雌性通常会将卵产在距离水面较近的枯枝上。初产卵呈淡棕红色,随后颜色逐渐加深为黑色。幼虫生活在水中,以枯叶、淤泥为掩护,采用在水下缓慢爬行、突然袭击的方式觅食,主要以孑孓等水生昆虫为食。它们以末龄幼虫的形态越冬,次年5、6月上岸羽化。成虫主要以小型昆虫(如蚊、蝇等)为食。在自然界中,它们的整个生长周期约为一年。

雷氏萤的卵

有生命的宝石

水下的荧光

雷氏萤 发现日记

"萤火虫,挂灯笼,飞到西来飞到东。"这句充满诗意的童谣,实际上是对自然界中一个奇妙现象的生动描绘。萤火虫,这些夏夜的小精灵,以其独特的发光能力和优雅的舞姿,成为许多人心中夏夜最美好的记忆。然而,要想真正领略这份美丽,往往需要我们踏入那些远离尘嚣、漆黑一片的山林之中。

4月的一天,夜色如墨,我踏上了前往山北老沟的探险之旅。这是一处人迹罕至的秘境。溪水潺潺,仿佛是大山的低语,引领着我深入山野的怀抱。关掉手电筒,四周瞬间陷入一片漆

幼虫捕食幼螺

卵

黑,这时,我才真正体会到了什么叫"伸手不见五指"。在这样的环境下,人类的听觉似乎得到了某种增强,树叶落地的"沙沙"声、鸣虫振翅的"嗡嗡"声,甚至是远处传来的微弱风声,都变得异常清晰,仿佛整个世界都在倾听我的呼吸。这种体验,或许正是人们常说的"第六感"在发挥作用,让我更加敏锐地感知周围的世界。

在这片幽静的山谷中,生活着一种特殊的水生萤火虫——雷氏萤。当夜幕降临,小溪重新归于宁静与黑暗。这时,守在溪流岸边的浅水处,便能见证一场奇妙的景象。一盏盏黄绿色的光点,如同点点繁星落入凡间,悠然升起,照亮了

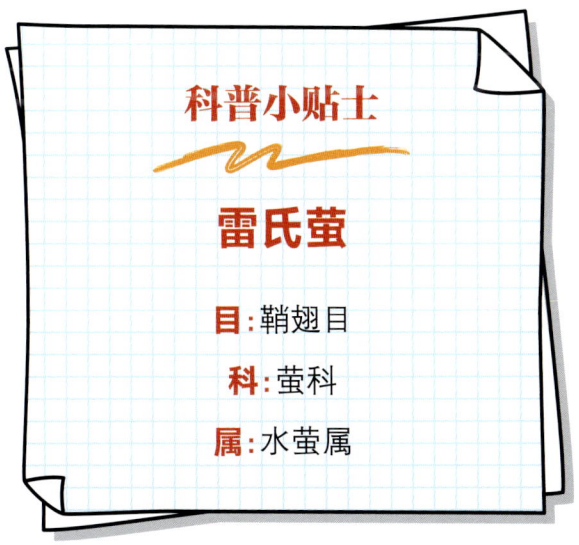
蛹

发光中的雷氏萤

被蜘蛛捕食

周围的一切。起初,这些光点微弱得几乎让人怀疑是不是眼睛的错觉,但转眼间,水边的光点越来越多,这是雷氏萤老熟幼虫们发出的信号,宣告着它们即将结束漫长的水中生活,上岸化蛹,为即将到来的萤火虫舞会做着最后的准备。

雷氏萤幼虫,这些身长约20毫米的小家伙,虽然体型娇小,但却是水中的小小霸主。它们主要依靠腹部两侧形似"牛角"的呼吸鳃来获取水中的溶解氧,同时拥有灵敏的嗅觉,能够准确地寻找到水中的各种螺类,甚至取食死亡生物的尸体。可以说,它们是一群无肉不欢的捕食者,黑色的体表仿佛披上了一袭坚硬的黑

科普小贴士

雷氏萤

目:鞘翅目

科:萤科

属:水萤属

有生命的宝石

色铠甲,让它们在水中游刃有余。

　　当然,雷氏萤的防御机制远不止于此。当面临捕食威胁时,它们会采取一系列化学防御措施。首先,它们尾部的发光器会持续闪烁着黄绿色的微光,这是一种警告信号,让心怀不轨的捕食者心存忌惮。其次,如果敌人仍然一意孤行,雷氏萤幼虫会翻出成对的白色腺体,释放出具有强烈气味的防御性化学物质。这些化学物质对小型无脊椎捕食者具有显著的忌避作用,从而有效地保护幼虫免受伤害。

　　然而,这些外表坚强的小生命实则极其脆弱,因为它们对生态环境的变动异常敏感,从而成为衡量环境状况的独特生物指标。在遭受水污染和光污染重创的区域,萤火虫种群会迅速灭绝。随着城市化步伐的加快,那些静谧、湿润且植被茂盛的栖息地日益稀缺。此外,人类使用的农药(包括杀虫剂)等化学物质,以及各类污染物,进一步侵蚀了这些原本适宜萤火虫生存的空间,迫使萤火虫远离人类活动频繁的区域,向更为遥远深邃的山林迁徙。

交尾

雄萤体长约为8毫米，头部为黑色，复眼发达。前胸背板、鞘翅以及胸部腹面通常为橙黄色，鞘翅上密布黄色细绒毛。腹部通常为黑色，发光器有两节，乳白色，带状，位于第6腹节及第7腹节的上半部。雌萤体长约为10毫米，体色与雄萤相同，但发光器只有一节，乳白色，带状，位于第6腹节。

幼虫体长约为20毫米，体色为黑色。腹部1—8节两侧各生长有一对牛角状呼吸鳃。发光器为一对，乳白色，位于第8腹节两侧。

成熟幼虫会离开水域上岸，建造蛹室并化蛹。每年4月底至8月，成虫羽化。雌萤喜欢将卵产在水边的苔藓或其他植物上。卵期约为20天，随后孵化成幼虫，再次进入水中生活阶段。雷氏萤一年繁殖一代。

萤火虫属于完全变态昆虫，一生分为卵、幼虫、蛹和成虫四个阶段。它们大多生活在远离城市的湖泊、湿地、稻田或森林附近，这些环境的共同特点是草木繁盛、没有污染和干扰。因此，萤火虫不仅仅具有很高的观赏性，也是重要的环境指示生物，是判断一个地区环境优劣与生物多样性的标尺。

成虫

淡色库蚊的卵

有生命的宝石

家里的"小船"

淡色库蚊 发现日记

蚊子,一提起这家伙,是不是就让你心里直痒痒,恨得牙都快磨碎了?它们不光爱吸血,还爱当疾病的"快递小哥",夏夜里那"嗡嗡嗡"的声音,简直就是噩梦的伴奏曲。

蚊子是一种完全变态昆虫,一生得经过卵、幼虫、蛹、成虫这四个阶段。在前三个阶段,它们都在水里撒欢儿,成虫才上岸溜达。幼虫们靠滤食水里的微生物和小生物为生,还通过腹部末端的呼吸管呼吸。

你知道吗?全世界蚊子种类大概有近4000种!别看它们个小,却是地球上的超级危险分子!登革热、黄热病、疟疾……这些疾病多多少少都和它们有点关系。科学家们跟蚊子斗智斗勇了好几百年,结果蚊子还是逍遥自在,繁殖力超强。条件适宜时,从卵到成虫只要9到15天!雌蚊更是产卵高手,一生能产卵6到8次,每次能产卵200到300颗,厉害吧!有句老话说得好:"干掉一只冬眠蚊,来年少千只小蚊蚊",说的就是淡色库蚊。

羽化

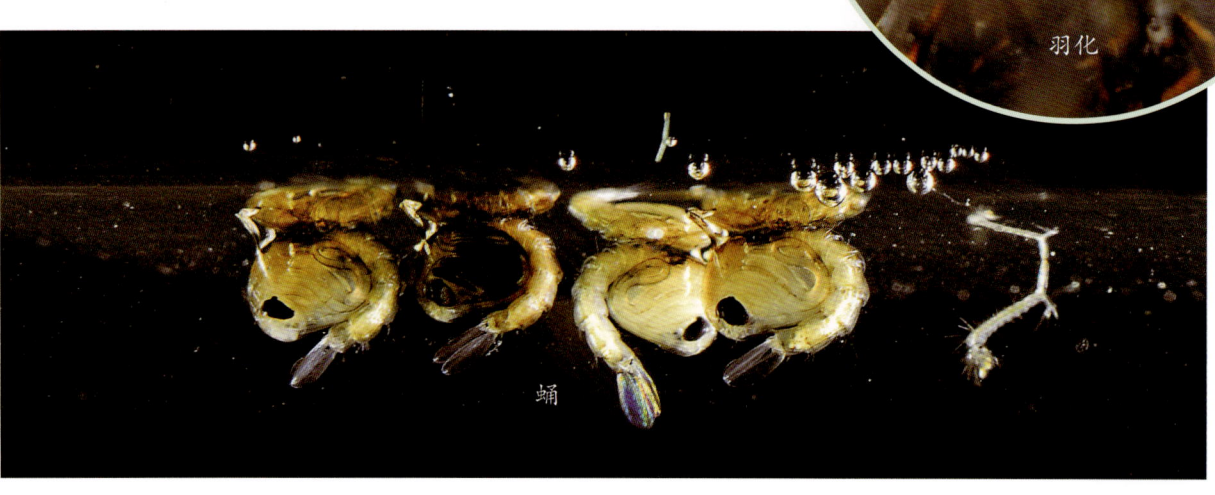

蛹

子子

淡色库蚊在入冬前会吸饱血,不过不是为了产卵,而是为了囤积脂肪好过冬。它们特别喜爱温暖潮湿的小角落,地下车库、楼梯间、卫生间水槽下,甚至床底下都可能成为它们的秘密基地。这家伙简直就是入室吸血的老手,常常趁你睡着时给你来个"亲密接触"。待到来年温度一高,它们就活跃起来,吸血、产卵两不误。

有一次,我在家里的水培植物容器中发现了一艘"迷你小船",仔细一看,原来是库蚊的卵团。上百颗细长卵粒粘在一起,像竹筏一样,所以也叫"卵筏"。幸好我发现得早,不然家里就要变成蚊子乐园了!

对了,每年的8月20日是"世界蚊子日",设立这个日子就是为了提醒大家小心疟疾和蚊子传播的其他疾病。来,给你们支几招防蚊大法:

蚊子爱水,记得清理家里屋外的积水,别让蚊子有地方产卵。

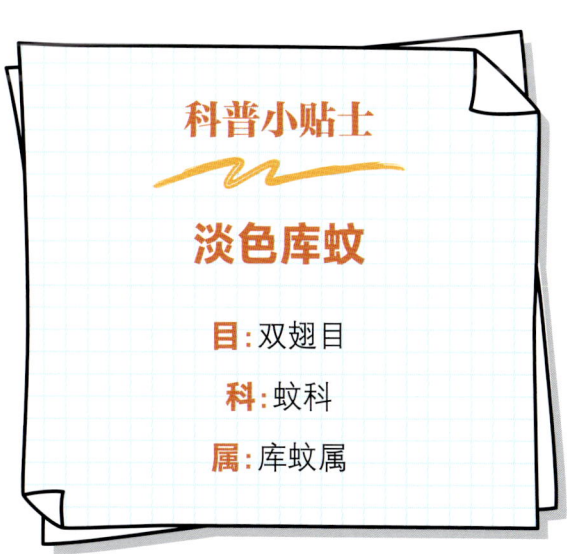

科普小贴士

淡色库蚊

目:双翅目

科:蚊科

属:库蚊属

孑孓生活的环境

蚊子对二氧化碳和汗味很敏感，多洗澡，去掉身上的味道，蚊子就不爱找你了。

穿浅色衣服，特别是白色，蚊子就不那么容易盯上你啦！

在家里放几盒打开的清凉油或风油精，蚊子闻到就跑。

用香皂和洗衣粉自制肥皂水，蚊子爱在里面产卵，然后……嘿嘿，就把它们一网打尽！

淡色库蚊成虫的身材在蚊子里算是中等。它的体表颜色是黄褐色，挺朴素的，没啥花纹。它的嘴巴和腿都没有白色的环状装饰。你瞅瞅它肚子那块儿，每一节开头都有点淡黄色的小边儿。这种蚊子最爱待在小水坑里，尤其是那种脏兮兮的污水沟、旧轮胎里的积水，还有路上的小水洼，这些地方都是它们的"心头好"。它们咬人吸血最活跃的时间是夜晚，黄昏和天刚亮那会儿则是它们的另外两个"饭点"。它们还特别喜欢溜进家里来骚扰人，吸人的血。

蟋蟀的卵

有生命的宝石

无师自通的好斗乐师

蟋蟀 发现日记

关上台灯，一天的倦意趁着黑暗一阵阵袭来。睡意蒙眬时，不知哪里传来窸窸窣窣的声音，似乎来自窗外，"蛐蛐，蛐蛐"，那是秋虫蟋蟀的鸣叫声。翻身起床，打开窗户，一阵阵虫鸣顿时涌入屋内。一只、两只、三只……它们在楼下的草丛中发出流畅、舒缓的低唱。季节轮转，不知不觉间秋意渐浓，秋虫已经成为夜的主角，轻轻的"蛐蛐"声，也是夜晚最美妙的催眠曲。

蟋蟀以善斗而闻名。它是一种相当古老的昆虫，民间俗称为"蛐蛐""夜鸣虫""将军虫""秋虫""斗鸡"等。据研究，蟋蟀家族的历史至少已有1.4亿年。在中国，斗蟋蟀有着悠久的历史，大约始于唐朝天宝年间，在宋朝开始兴盛，并于明清时期达到鼎盛。

我们通常所说的蟋蟀，指的是直翅目蟋蟀总科昆虫的统称。常见的蟋蟀种类有斗蟋、棺头蟋、油葫芦、姬蟋、树蟋、针蟋等。其中斗蟋最为善斗。雄性斗蟋生性孤僻，成虫通常穴居独自生活，绝不允许别的雄性斗蟋靠近自己的领地。遇到对手，雄性斗蟋先振动翅膀，一来为自己助威鼓劲，二来试图用气势压倒对方。如果双方旗鼓相当，它们便会

一龄幼虫

幼虫即将出卵

张开大颚,撕扯缠斗,其中有"夹、钩、闪、抱、箍、滚"等各种招式。几个回合后,弱者垂头丧气,败下阵去;胜者振翅鸣响,趾高气昂。民间判断斗蟋的优劣通常以牙、头、项、须、腹、腿、体重、颜色为标准,其中有"红牙为才、白牙为将、黑牙为尊"的说法。

雄性斗蟋两侧前翅结构不对称,翅膀的表面有微毛结

鸣叫中的蟋蟀

两雄相争

构,左翅生有像刀刃一样的硬刺,右翅长着一个锉状的短刺,名为"音锉",左右翅膀的互相摩擦即可发声鸣响。翅膀摩擦时抬起的角度不同,摩擦频率也会发生变化,从而产生不同的声音。鸣响既为了吸引异性注意,又可警告那些试图踏入领地的同性。

小时候,我住在城南的胡同里,三五成群的孩子每天聚在一起,玩耍打闹,其中最兴奋的事情莫过于斗蟋蟀。每年,胡同里的孩子们都会拿出自己最厉害的蟋蟀,最终决出最厉害的一只,大家称它为"大头板儿"。为了捉到一条好虫,我们每天都在努力。

夜晚捉虫需要的是耐心、勇气。藏身于砖缝、瓦砾之中的小虫在夜色的掩护下,振翅高歌,吸引着异性的注意,也暴露出它们的藏身之所,但是还没等你靠近,它们便会警惕地收声。

遥声定位是捉虫时必须掌握的技能。跟随着它的鸣叫声,在十步开外,要能准确锁定碗口大小的位置。从它的鸣叫声中,大致能判断出蛐蛐的大小。大多数蟋蟀的鸣叫声很轻柔,听起来软弱无力。有的则刚强有力,如同洪钟一般,极富表现力和感染力,这类蟋蟀一般都属于身体强壮、大块头的品种。还有的会发出"沙沙"的嘶哑的声音,叫声非常独特,这类蟋蟀一

有生命的宝石

般被我们称为"大衣",属于善斗之虫,它们的翅膀比别的蟋蟀要长,甚至盖过长长的尾巴。

多年过去了,儿时那片捉蟋蟀的田,早已变成一幢幢高档商品住宅。不会再有农民伯伯拿着锄头追赶我们,路口的老太冰镇酸梅汤只剩下一份酸甜冰爽的回忆。每年立秋前后,在城市公园、绿地里,依然能听到蟋蟀的叫声。漫步其中,在蟋蟀的合唱中,我可以能重温童年捉蟋蟀的快乐记忆。

每一只秋虫都是无师自通的乐师,它们用自己的双翅演奏着秋夜最美的旋律。夜晚聆听秋虫的呢喃,

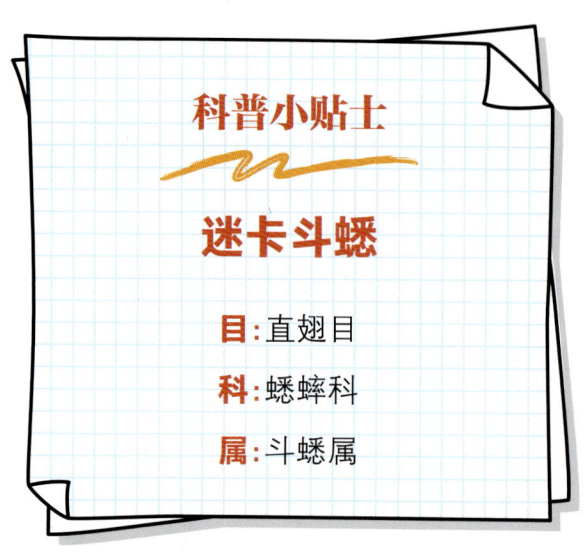

科普小贴士

迷卡斗蟋

目：直翅目
科：蟋蟀科
属：斗蟋属

这是天籁,是人与自然交流的音符,是远古和现今衔接的密码。

卵

斗蟋是蟋蟀科斗蟋属昆虫的通称。身长10毫米至20毫米不等,体表为褐色或黑色,有斑纹和光泽。头大,复眼突出,触角长,牙锋利。雄性前翅可以摩擦发音。雌性翅短,没有发音器,尾部有矛状的产卵器,生长在尾须中间,俗称"三枚子"。前足有类似耳朵的听器,后足强壮。

《诗经》中就有关蟋蟀的记载:"五月斯螽动股,六月莎鸡振羽,七月在野,八月在宇,九月在户,十月蟋蟀入我床下。"到了秋天,天气渐冷,偶尔三两声"矍矍"的虫鸣声随着瑟瑟寒风飘来。野外杂草乱石缝里,它们吃力地振动翅膀,为自己生命做最后的吟唱。蟋蟀一生要经过卵、幼虫、成虫三个阶段,属于不完全变态昆虫。通常成虫在野外可以存活2至3个月,待到秋分寒起,野外的蟋蟀也将老去,逐渐退出季节的舞台。

后记

谦卑之心，探索之旅

提笔之际，我的心中充满了谦卑与感慨。作为作者，我深知文字是思想的载体，而思想的深度与广度往往受限于个人的学识、阅历与洞察力。因此，在创作这部作品时，我更多是以一种学习者和探索者的姿态，而非以权威或专家的身份来撰写。

回望创作过程，每一个字、每一句话的斟酌与推敲，都是对自我认知边界的一次次挑战与拓展。在这个过程中，我深刻体会到，知识的海洋浩瀚无垠，个人的所知所学不过是沧海一粟。因此，我始终保持着对未知世界的好奇与敬畏，努力在字里行间传达出这份谦卑与探索的精神。

本书的内容涉及多个领域的思考与见解，既有对经典理论的解读与反思，也有对现实问题的剖析与探讨。在创作过程中，我始终努力保持客观与公正的态度，尽量避免妄自尊大或轻易否定他人观点。我深知，每一种观点都有其存在的合理性与局限性，而真正的智慧往往源自对不同观点的包容与理解。

在此，我要特别感谢那些在我创作过程中给予我支持与帮助的师长、朋友与同行。是他们的智慧与启迪，让我的思路更加开阔，让我的文字、图片更加生动。同时，我也要感谢已经翻开这本书的读者们，你们的阅读与反馈，将为我提供不断前行的动力与方向。

尊重自然、融入自然、追求美好生活，是我们对自身生存空间、子孙后代以及各种生命的责任。如何让更多人自觉加入守护家园的行动，是当前亟待解决的重要问题之一。

本书以本土生物多样性为基础，力图通过有趣的形式，让公众了解身边的自然生态，鼓励大家身体力行地保护我们共同的家园。

最后，我想说，这本书只是我探索之旅的一个小小起点。在未来的日子里，我将继续以谦卑之心，不断学习，不断思考，不断前行。我期待与每一位热爱思考、勇于探索的朋友一起，共同开启一段更加精彩的智慧之旅。

愿这本书成为我们彼此心灵交流的一座桥梁，让我们共同在知识的海洋中扬帆远航。